"美丽中国"视阈下

生态文明建设的理论与路径新探

韩春香 ◎ 著

中国水利水电出版社
www.waterpub.com.cn
·北京·

内 容 提 要

"美丽中国"是用来表征"经济繁荣、政治清明、文化先进、社会和谐、生态良好"的社会发展状态，是生态文明建设的奋斗目标。生态文明建设作为实现美丽中国的必经之途，二者在行为主体方面具有高度的一致性。本书主要结合当前实际探讨"美丽中国"视阈下的生态文明建设，系统地梳理了古今中外生态理论观点，重点论述了我国生态文明建设的新挑战、新理念、新路径，对相关理论与实践问题进行了创新性解读和诠释。全书构思新颖，内容翔实，注重学科交叉，同时不失专业性。从生态、经济和社会的可持续发展的视角，围绕物质文明和精神文明，为人与社会的全面发展提供了新的理论依据和技术体系，具有重要的参考价值。

图书在版编目（ＣＩＰ）数据

"美丽中国"视阈下生态文明建设的理论与路径新探 /
韩春香著 . -- 北京 : 中国水利水电出版社 , 2017. 11（2022. 9重印）
ISBN 978-7-5170-6047-5

Ⅰ . ①美… Ⅱ . ①韩… Ⅲ . ①生态环境建设—研究—
中国 Ⅳ . ① X321.2

中国版本图书馆 CIP 数据核字 (2017) 第 281730 号

书　　名	"美丽中国"视阈下生态文明建设的理论与路径新探 "MEILIZHONGGUO" SHIYU XIA SHENGTAI WENMING JIANSHE DE LILUN YU LUJING XINTAN
作　　者	韩春香　著
出版发行	中国水利水电出版社 （北京市海淀区玉渊潭南路 1 号 D 座　100038） 网址：www. waterpub. com. cn E-mail：mchannel @ 263. net（万水） 　　　　sales @ mwr. gov. cn 电话：(010)68545888(营销中心)、82562819（万水）
经　　售	全国各地新华书店和相关出版物销售网点
排　　版	北京万水电子信息有限公司
印　　刷	天津光之彩印刷有限公司
规　　格	170mm×240mm　　16 开本　　12.5 印张　　210 千字
版　　次	2018年3月第1版　2022年9月第2次印刷
印　　数	2001-3001册
定　　价	50.00 元

凡购买我社图书，如有缺页、倒页、脱页的，本社营销中心负责调换
版权所有·侵权必究

前言

CONTENTS

　　从新的角度审视与探究人类文明的走向，是当今人类面临的一个极其重大的课题。20世纪末以来，伴随着社会快速发展，人类越来越清晰地认识到，工业文明对自然界的改造和利用，恰恰变成了对人类生存环境的毁灭，我们需要调整思维方式，追求人类与环境和谐的新思维、新的生态意识。生态文明正是在人类重新思考未来命运，消除人类与自然紧张关系的困惑的背景下应运而生。当代人类的创新与进步，必须注重与生态环境的和谐共生。如果生态环境被人类破坏到不可逆转之时，那么必将导致文化的退化与文明的衰亡。因此，构建生态文明、实现人类的可持续发展与生态系统的良性循环成为人类的必然选择。

　　"生态文明"这一概念在2007年党的十七大报告中首次被正式提出来。党的十七大报告系统论述了大力推进生态文明建设的重大战略任务，强调生态文明建设对中国未来发展的深远意义，对如何建设生态文明进行了全面部署。自从2012年11月党的十八大以来，生态文明建设正式纳入了我国现代化建设"五位一体"总体布局当中。十八届三中全会明确提出了加快建立生态文明制度体系的重大决策，对生态文明建设体制机制改革做出了具体部署。十八届四中全会根据党的十八大做出的战略决策，提出了加快建立生态文明法律制度的战略目标。十八届五中全会，提出"五大发展理念"，将绿色发展作为"十三五"乃至更长时期经济社会发展的一个重要理念，成为党关于生态文明建设、社会主义现代化建设规律性认识的最新成果。当前，深入推进生态文明建设、深化生态文明体制机制改革、建立生态文明的法律制度已经成为我国全面建成小康社会、全面深化改革和全面推进依法治国的重大建设任务、重点发展领域和重要战略目标。虽然党的十八届三中全会正式做出了"紧紧围绕建设美丽中国深化生态文明体制改革"的战略部署，但目前从"美丽中国"的宏观视阈去探究生态文明建设的资料并不多。只有从"美丽中国"的宏观视角去探究生态文明建设，才能从整体上全面把握生态文明建设的基本规律和实现路径，才能更清晰地看到生态文明建设的努力方向和长远目标。因而笔者从"美丽中国"的战略高度来探究生态文明建设的理论和实践问题，其现实意义是不言而喻的。笔者以深刻理解突出生态文明、建设美丽中国的重要意义，以实现全面建成小康社会和中华民族永续发展的美丽中国梦为主线，首先从诠释生态文明与"美丽中国"的科学内涵入手，初步探讨生态文明建设与

"美丽中国"建设的内在关系，其次是分析了国内外生态文明建设实践以及当前生态文明建设面临的现实问题与重大挑战，接下来剖析生态文明建设的理论渊源，在此基础上从实践和微观角度探讨了中国生态文明建设的具体实施路径，从科技创新、生态产业、生态文化以及制度建设等方面提出了中国生态文明建设的战略路径和政策建议。期待在社会主义生态文明建设中，以实践创新推动理论创新。

　　总体而言，笔者立意新颖，视野开阔，资料翔实，注重学科交叉又不失专业性，为生态、经济、社会的可持续发展，为各地的物质文明和精神文明建设，为实现人与社会的全面发展提供了一种新的理论依据和技术体系，具有重要的理论意义和运用价值。当然，在社会转型时期，中国的生态文明建设是一个相当复杂的课题，涉及经济、社会、自然、外交等方方面面，笔者的研究还只能说是初步的探索，一些短期热点问题可能会很快变化，而一些中长期热点问题则可能具有相对稳定性，需要不断跟踪、积累资料和完善研究方法。

作者

2017 年 9 月

目录

CONTENTS

第一章

从工业文明走向生态文明

21世纪人类社会正处于由工业文明向生态文明转变的历史时期。生态文明对于实现中华民族的伟大复兴具有重要的战略意义，生态文明建设是关系人民福祉、国家命运、民族未来的根本大计，已成为世界各国和地区社会经济发展的必然选择。

第一节　人类文明的演进历程

自从人类社会发端以来，人类文明演进经历了漫长的历史过程。从原始文明、农业文明、工业文明到生态文明，每一次新文明的诞生都预示着文明形态的重塑与变更。

一、原始文明阶段

人类从动物界分化出来以后，经历了上百万年的原始社会阶段。在这个漫长的发展时期，由于生产力水平极其低下，人类只有依赖集体的力量才能生存，生产工具以加工和打制石器为主，采集和渔猎是人类赖以生存的主要物质生产活动，人类把自然界直接提供的东西作为生活资料。人类生活完全依靠大自然赐予，他们既要抵挡强大自然的侵袭，又要同饥饿、严寒、疾病等抗衡，生存异常艰辛，对自然的开发能力和支配能力极其有限。

人工取火是继制作石器后人类物质文明的一大飞跃。从利用自然火并保存火种不灭，到学会人工取火，人类活动的时间和空间大大扩展了。人类从自然界的雷击、山火等获得火种，学会了用火来烧烤猎物、块根，学会用火来御寒取暖、驱暗照明。这样，火就成为人类随时可利用的战胜自然、改造自然的武器。关于人工取火，《韩非子·五蠹》中记载：上古之世，民食果蓏蚌蛤，腥臊恶臭而伤害腹胃，民多疾病。有圣人作，钻燧取火，以化腥臊，而民说之，使王天下，号之曰燧人氏。在漫长的原始文明时期，人工取火是人化自然的代表性成就。正如恩格斯所说，"就世界性的解放作用而言，摩擦生火还是超过了蒸汽机，因为摩擦生火第一次使人支配了一种自然力，从而最终把人同动物界分开"①，人工取火是人类对自然界的第一个伟大胜利。

随着新石器时代的到来，生产工具不断改进、更新，加之在长期生产活动中的经验积累，人们开始了农业和畜牧业的生产活动，由依赖自然的采集、渔猎活动跃进到改造自然的生产活动，从而有了较为稳定的食物来源。恩格斯在谈到动物的生产和人的生产对自然界影响的差别时指出，"动物也进行生产，但是它们的生产对周围自然界的作用在自然界面前只等于零。只有人能够做到给自然界打上自己的印记，因为他们不仅迁移动植物，而且也改变了他们的居住地的面貌、气候，甚至还改变了动植物本身"②。

尽管如此，人类的力量在大自然面前依然显得非常弱小，人类对自然界的支配和适应能力很差，并把自然视为威力无穷的主宰、某种神秘的超自然力量的化身，对自然顶礼膜拜、奉若神明。恩格斯曾说："在原始人看来，自然力是某种异己的、神秘的、超越一切的东西。在所有文明民族所经历的一定阶段上，他们用人格化的方法来同化自然力。正是这种人格化的欲望，到处创造了许多神；而被用来证明上帝存在的万民一致意见恰恰只证明了这种作为必然过渡阶段的人格化欲望的普遍性，因而也证明了宗教的普遍性。"③

在原始文明时期，人类在自然面前虽然表现出一定的主观能动性，但对自然的认识和改造仍然停留在表层，只能盲目地适应和顺从自然，受自然的主宰。当然，随着人类探索自然、认识自然、改造自然能力的提高，人类在一定程度上也推动着自然界人化的过程。并且随着适应自然能力的增强，同时，为了满足生存的需要，人类长期进行着过度的狩猎和采集，这导致人类所到之处资源被消耗殆尽，甚至大量生物种群灭绝的现象，使原有的生态平衡被打破。在强大的自然界面前，为了生存下去，人类通过迁徙和改进生产方式满足不断

① 马克思恩格斯选集（第3卷）[C]. 北京：人民出版社，2012，第492页.
② 马克思恩格斯选集（第3卷）[C]. 北京：人民出版社，2012，第859页.
③ 马克思恩格斯全集（第20卷）[C]. 北京：人民出版社，1971，第672页.

增长的人口和发展需要，从而推动着文明不断向前发展。

二、农业文明阶段

人类的第二种文明形态是农业文明。农业文明是人类文明发展中的第二个阶段，其持续的时间大约从距今 1 万年前到公元 18 世纪第一次工业革命开始。大约在 1 万年以前，人类开始有意识地从事谷物栽培。他们开辟农田，驯化可食用的植物，标志着人类史上一个崭新的文明时代的开始。有了农耕，人类的食物才在很大程度上得到了保障，才使人类逐步结束了漂泊不定的游猎生活，建立了一座座村庄。在农业文明时期，传统农业是最主要和决定性的经济生产部门，社会结构则是建立在传统农业基础上的自给自足的自然经济模式。在自然经济的模式下，人们采用人力、畜力、手工工具、铁器等为主的手工劳动方式，靠世代积累下来的传统经验、以自然经济生产方式来发展生产。农业文明具有低效率、低产出、低污染等显著特点，曾经在人类文明的发展进程中发挥了极其重要的作用。实际上，即使是到了现代社会，农业依然是主要的经济生产部门之一，在人类的生产与生活中依然发挥着不可替代的作用。

与此同时，随着人们改造自然能力的提高，人们对自然的敬畏程度也有所降低，人对自然的看法和对人与自然关系的看法发生了变化。这时，人类虽然继续在习惯性地敬畏自然，但同时也出现了"天变不足畏"的声音，一方面倡导顺其自然，另一方面又相信趋利避害。另外，在人与人的关系上，尝到过分工合作甜头的人提倡合作，而尝到过弱肉强食甜头的人则把竞争说成是自然的法则。在几千年的农业文明时代中，人类的生存方式、主流价值观日趋明确和稳定，社会秩序也逐步被道德和法制固化，并且被奉为是天经地义的。这期间，科学技术得到了迅速发展，许多观念也逐步被异化。比如，维护社会秩序和积累财富，其原初目的和意义在于使所有人的生存都能更有序更高效，更有保障。而后来，积累财富成了生存的目的；维护秩序变成少数人控制、剥削多数人以聚敛财富的合法外衣。这种观念发展到极端，科学技术也不再是人类对养育了自己并受到自己敬畏的自然环境的了解和认识的活动，而成了人类为聚敛财富向自然界进行无度索取的工具和手段。

从总体上看，由于农业文明时代最主要的特征就是人类利用自身的力量去影响和局部地改变自然生态系统，人类的物质生产活动基本上是利用和强化自然的过程，缺乏对自然实行的根本性的变革和改造。因此，农业文明尚处于人类认识、利用和改造自然的初级阶段，人类的活动强度不够大，那时的生产主要是"生物型"生产，对自然环境的冲击和破坏比较小。同时，当时的自然环境包容力比较强，由统治阶级对被统治阶级的残酷剥削所表现出来的人类对自然的骄妄、贪婪和无知所造成的局部环境问题，并未引起大规模的社会问题，也没有对人类居住的地球造成大的威胁，人类和自然的关系整体上讲还是相对平衡与和谐的。

三、工业文明时代

18世纪发生在英国的工业革命，标志着人类社会发展史上一个全新时代的开始。它实现了人类历史的伟大飞跃。由工业革命所推动进而建立起来的工业文明，成为延续了几千年的农业文明的终结者。这种新的文明，不仅从根本上提升了社会生产力，创造出巨量的社会财富，而且从根本上变革了农业文明的方方面面，完成了社会的重大转型。经济、政治、文化、精神，以及社会结构和人的生存方式等等，都发生了翻天覆地的变革。人类由此进入了一个全新的发展阶段。

工业革命极大地促进了生产力的迅速发展，创造出了此前无法比拟的物质财富；工业革命广泛地推动了机器工厂的建立，排挤和取代了以前的家庭手工作坊和手工工场，促使资本主义生产从手工业工场过渡到机器大工业大工厂；工业革命使资本主义制度建立在强大的物质技术基础之上，从而最终战胜了封建制度而居于统治地位；工业革命加速了工业资产阶级和工业无产阶级的形成和发展，使它们成为资本主义社会最主要的两大对立阶级，社会面貌从此发生了根本性的改变，工业革命使欧美国家实力猛增，发展大大加速，从此西方拉大了与东方的差距。就人与自然的关系而言，工业文明造就了人类征服自然、改造自然的巨大社会生产力，把人类社会从农业时代推进到工业化时代，促进了人类社会的进步与发展。蒸汽机的发明让货轮和火车等交通工具迅速出现并为人类服务；电的发明，使电灯、电话等电器被广泛应用到人类生活当中。

不可否认，工业文明大大拓展和深化了人类与自然界的物质交换关系，特别是在这一过程中发明和创造了近现代科学技术，使人类的认知能力和生产力水平空前提高。但是，在令人目眩的辉煌后面，"人类好像在一夜之间突然发现自己正面临着史无前例的大量危机：人口危机、环境危机、粮食危机、能源危机、原料危机……这场全球性危机程度之深、克服之难，对迄今为止指引人类社会进步的若干基本观念提出了挑战"①。人类处农业文明时，虽然也产生环境问题，但那只是局部性、暂时性的环境污染破坏，多数没有超出自然的承载力和自我修复能力，并未影响整个自然界。而工业文明开始后，人类借助科学技术，以气吞山河的雄心壮志，开始大规模地改造自然、征服自然，不惜以

---

① ［美］M.梅萨罗维克.人类处在转折点［M］.北京：中国和平出版社，1987，第36页.

牺牲环境为代价，最终破坏了自然固有的生态平衡，对人类的生存和发展造成了严重的危害和威胁。正因为如此，工业文明又被称为"灰色文明"。从一定意义上讲，一部工业文明的繁荣发展史，实际上就是一部人类征服自然、盘剥自然、破坏自然，并最终自食恶果的辛酸史。所以，"我们不要过分陶醉于我们对自然界的胜利。对于每一次这样的胜利，自然界都报复了我们。每一次胜利，在第一步都确实取得了我们预期的结果，但是在第二步和第三步却有了完全不同的、出乎意料的影响，常常把第一个结果又取消了"①。恩格斯的这一忠告在生态环境日益恶化的今天，尤为令人深思。

四、生态文明时代

大自然给人类敲响了警钟，历史呼唤着新的文明时代的到来。这个新的文明时代就是人与自然和谐相处的生态文明时代。生态文明与工业文明的分野首先在于人与自然关系的不同。工业文明立足于对自然的征服和改造，而生态文明则要求人类寻求与生态环境的和谐，因为生态环境是人类生存和发展的基础。建设生态文明是对传统工业文明的扬弃和超越，使工业化、生态化相互融合，推动资源节约型、环境友好型社会的发展，努力在人与自然共处方面实现新文明形态的超越。生态文明是工业文明之后人类努力实现的新文明形态，是现代工业高度发展阶段的产物，也是人们在深刻反思工业化沉痛教训的基础上，探索出的一种可持续发展的理论与路径。

20世纪以来，随着全球生态危机的日益蔓延，人类的环境保护意识不断增强。发达国家在经历了痛苦的环境污染和破坏之后，对这一问题的认识越来越深入，环境保护运动也随之蓬勃兴起。西方社会的有识之士对资本主义生产生活方式及自然观和价值观进行了深刻的环境反思和生态批判，最终在20世纪中叶提出了一系列新思想与新理念，如生存主义理论、可持续发展理论和生态现代化理论等西方生态学理论，取得了一系列研究成果。这些理论及其研究成果，对我国生态文明建设具有重要的参考价值。

新中国成立后，随着我国经济社会的发展，环境保护问题越来越被人们重视。1987年6月在全国生态农业研讨会上，生态农业科学家叶谦吉教授针对我国生态环境趋于恶化的态势，呼吁"开展生态文明建设"，首次提出生态文明概念，引起与会者的共鸣，他指出，"所谓生态文明就是人类既获利于自然，又还利于自然，在改造自然的同时又保护自然，人与自然之间保持着和谐统一的关系"。他认为，人类社会划分为蒙昧时代、野蛮时代和文明时代。蒙

---

① 马克思恩格斯全集（第20卷）[C]. 北京：人民出版社，1971，第519页.

昧时代，是指人类根本没有意识到人与自然的关系，作为社会的人还没有产生的时代。野蛮时代，是指人与自然的关系建立在一种征服与被征服的基础上，人类把自身当成自然界的主人，看成自然界的征服者的时代。而文明时代，则是人与自然之间建立一种和谐统一的关系，人利用自然，又保护自然，是自然界的精心管理者的时代。他明确指出，"21世纪应是生态文明建设的世纪。人与自然应成为和谐相处的伙伴"①。此后，我国的生态环境问题研究日益成为理论界的一个热点话题，这也反映了人民群众对良好生态环境的期盼。党的十八大报告指出，"面对资源约束趋紧、环境污染严重、生态系统退化的严峻形势，必须树立尊重自然、顺应自然、保护自然的生态文明理念，把生态文明建设放在突出地位"，"从源头上扭转生态环境恶化趋势，为人民创造良好生产生活环境"。这是党和政府对人民群众强烈期盼的回应与承诺。

生态文明作为人类文明的一种形式，它以尊重和维护生态环境为主旨、以可持续发展为依据、以人类的可持续发展为着眼点。在开发利用自然的过程中，人类从维护社会、经济、自然系统的整体利益出发，尊重自然、保护自然，注重生态环境建设，致力于提高生态环境质量，使现代经济社会发展建立在生态系统良性循环的基础之上，以有效地解决人类经济社会活动的需求同自然生态环境系统供给之间的矛盾，实现人与自然的协同进化，促进经济社会、自然生态环境的可持续发展。

第二节　工业文明引发的生态危机及其影响

在经济全球化持续发展的当今时代，世界各国的联系越来越密切，环境污染导致的自然生态破坏越来越成为一个突出的全球性问题，解决生态危机日益成为世界各国必须面对的挑战，如何保护生态环境日益成为国际社会共同努力的时代课题。

一、生态危机产生的根源

生态危机成为一种全球化现象是有一个历史过程的。早在19世纪，马克思、恩格斯对资本主义生产方式进行了深入分析，对人类的实践活动进行了严

---

① 成亚文. 真正的文明时代才刚刚起步——叶谦吉教授呼吁"开展生态文明建设"[N]. 中国环境报，1987-06-23.

重警告："不以伟大的自然规律为依赖的人类计划，只会带来灾难。"进入 20 世纪，这是全球化骤然扩张的世纪，也成为全球生态危机凸显的时期。从时间上说，生态危机发生于 20 世纪并延续至今，有愈演愈烈之势；从空间上说，生态危机是包括所有发达国家和发展中国家在内的一种全球性问题；从危害程度上说，生态危机不仅严重破坏自然环境，造成人类使用资源紧张，而且破坏整个生态环境系统的结构与功能，造成人与自然关系恶化，人与人关系失调，人与社会关系失衡，对人类的生存、心理发展等都带来毁灭性的打击；从产生根源上看，生态危机源于人类自身对物质利益追求的无限度。随着人类创造力的进一步提升，科技水平日益提高，经济发展迅猛，对自然资源的需求量加大，对环境破坏程度加深，最终导致大自然不堪重负，生态环境遭遇前所未有的全球性的危机。生态危机表面上是对自然环境的破坏、对资源的掠夺，实质上是人的异化和人的欲望的无限膨胀。人性的扭曲是生态危机的本质所在，消除生态危机的根本在于从人出发。

长期以来，以英、美、德、法、日等发达国家为代表的现代化发展模式的核心是追求经济的持续增长、物质财富的无限积累和生活消费的过度膨胀。在这种发展模式的主导下，随着人类社会活动的不断扩张和全球人口总量的几何式增长，人类对自然资源的索取日益加剧，对生态环境的破坏日益严重。

（一）"八大公害"事件

20 世纪以来，资本主义国家相继发生了一系列环境污染问题。其中，最为典型的是"世界八大公害"事件。

1. 比利时马斯河谷烟雾事件

该事件于 1930 年 12 月 1 日至 5 日发生在比利时的马斯河谷工业区，是 20 世纪最早记录下的大气污染惨案。该事件导致上千人发生呼吸道疾病，一个星期内就有 60 多人死亡，死亡人数是同期正常死亡人数的 10 多倍。

2. 英国伦敦烟雾事件

从 1952 年 12 月 4 日至 9 日，伦敦市毒雾弥漫，导致几千人死亡。12 月 9 日之后，由于天气变化，毒雾逐渐消散。但在此之后的两个月内，又有近 8 000 人因烟雾事件而死于呼吸系统疾病。

3. 日本四日市哮喘事件

日本东部海岸的四日市 1955 年开始相继兴建了多家石油化工联合企业，在其周围又建有 10 多家石化大厂和 100 余家中小企业。石油冶炼和工业燃油产生的废气，严重污染了城市空气。1961 年，四日市哮喘病大发作。

4. 日本米糠油事件

1968 年 3 月,九州市一个食用油厂在生产米糠油时,因管理不善,操作失误,致使米糠油中混入了在脱臭工艺中使用的热载体多氯联苯,造成食物油污染,九州、四国等地区的几十万只鸡突然死亡,并导致多人患原因不明的皮肤病。在此后的 3 个月内,112 个家庭的 325 人被确诊为患有该病,之后在全国各地仍不断出现相同病例。至 1978 年,被确诊的患者累计达 1 684 人。

5. 日本水俣病事件

水俣病是指在 1953 年至 1956 年日本水俣湾出现的一种奇怪的病。它是人类历史上最早出现的由于工业废水排放污染造成的公害病。其症状为:轻者口齿不清、步履蹒跚、面部痴呆、手足麻痹、视觉丧失、震颤、手足变形;重者精神失常,或酣睡,或兴奋,身体呈弯弓状且高叫,直至死亡。

6. 美国洛杉矶光化学烟雾事件

光化学烟雾是因大量的碳氢化合物在阳光的作用下,与空气中其他成分发生化学反应而产生的。它含有臭氧、氧化氮、乙醛和其他氧化剂,滞留市区不易消散。在 1952 年 12 月的一次光化学烟雾事件中,洛杉矶市 65 岁以上者死亡 400 多人。1955 年 9 月,由于大气污染和高温天气,短短两天之内,65 岁以上者又死亡 400 余人,许多人出现眼痛、头痛、呼吸困难等症状。直到 20 世纪 70 年代,洛杉矶市还被称为 "美国的烟雾城"。

7. 美国多诺拉事件

多诺拉是美国宾夕法尼亚州的一个小镇,1948 年 10 月 26 日至 31 日,工厂排放的含有二氧化硫等有毒有害物质的气体及金属微粒在气候反常的情况下于山谷中积存不散,这些有毒有害物质附着在悬浮颗粒物上,严重污染了大气,随之而来的是小镇上的 6 000 人突然发病,其中有 20 人很快死亡。该病的症状为眼痛、咽喉痛、流鼻涕、咳嗽、头痛、四肢乏倦、胸闷、呕吐、腹泻等。

8. 日本骨痛病事件

该事件于 1955 年发生于日本富山县神通川流域。锌、铅冶炼厂等排放的含镉废水污染了神通川水体,两岸居民利用受污染的河水灌溉农田,使稻米和饮用水含镉,镉通过稻米进入人体,先引起肾功能障碍,后逐渐引发软骨症。在妇女妊娠、哺乳、内分泌不协调、营养性钙不足等诱发原因存在的情况下,镉使妇女患上一种浑身剧烈疼痛的病,即骨痛病,重者全身多处骨折,在痛苦中死亡。从 1931 年到 1968 年,神通川平原地区被确诊患此病的为 258 人,其中 128 人死亡,至 1977 年 12 月又有 79 人死亡。

回顾这八大震惊世界的公害事件,我们可以清醒地看到,由于人类工业化进程的不断加速，以空气污染、水质污染、食品污染等为特征的环境污染问题，已经成为世界各国共同面临的重大问题。虽然人们越来越认识到环境污染的严重性，但是类似的公害事件仍然在世界各国以不同的形式发生着。如1984年12月3日发生了震惊世界的印度博帕尔公害事件。当天午夜，坐落在博帕尔市郊的联合碳化杀虫剂厂发生毒气泄漏。1小时后，有毒烟雾袭向这个城市，形成了一个方圆40多公里的毒雾笼罩区。首先是近邻的两个小镇上，有数百人在睡梦中死亡。随后，火车站里的一些乞丐死亡。一周后，有2 500人死于这场污染事故，另有1 000多人危在旦夕，3 000多人病入膏肓。在这一污染事故中，有15万人因受污染危害而到医院就诊。事故发生4天后，受此危害而患病者还以每分钟一人的速度增加。这次事故还使20多万人双目失明。这是一次严重的事故性污染造成的惨案。

虽然世界各国越来越重视环境治理和保护，但是从全球范围来看，环境遭受污染与破坏的趋势并没有得到根本遏制，生态危机仍然有不断增强的趋势。经过95个国家1 300多名科学家长达4年时间的调查，2005年联合国发布了《千年生态系统评估报告》。该报告全面评估了地球总体的生态环境状况。这一研究表明，人类赖以生存的生态系统有60%正处于不断退化的状态，支撑能力正在减弱。科学家警告，未来50年内，这种退化趋势也许还将继续存在。评估报告指出：60年以来全球开垦的土地比18世纪和19世纪的总和还多；1985年以来使用的人工合成氮肥与前72年的总量相当；在过去50年里，人类对生态系统的影响比以往任何时期都要快速和广泛，10%～30%的哺乳动物、鸟类和两栖类动物物种正濒临灭绝。科学家将生态系统的服务功能分为四大类24项，结果发现，15项生态系统服务功能正不断退化，而且生态系统服务功能的退化在未来50年内将进一步加剧。这些数据集中说明，由生态环境问题引发的生态危机，已经成为一个世界性的重大课题，它也是一个时代性的重大课题，关系到整个人类的生死存亡。

(二) 生态危机的主要根源

在当代，全球生态危机的主要根源有以下三个方面。

一是人类对环境资源过度开发而产生的问题。20世纪以来，由于科技革命的深化，工业浪潮的扩大，生态问题日益严重。工业革命以来，机器化大生产程度越来越高，生产规模随之越来越大，对能源的需要自然越来越多。随着第三次科技革命成果的投入应用，人类征服自然的能力在逐步增强，自然对人类的报复也愈演愈烈。近年来，世界气候更加异常，环境灾难频繁发生，全球生态危机日益严重。

二是人类将废弃物向环境过度排放造成的污染问题。西方发达国家的经济发展模式是建立在对自然资源掠夺性开发的基础上的，资本主义生产力方面的矛盾日益显现和突出，资产阶级追求经济增长的无限性与自然资源的有限性之间的矛盾日益激化。尤其是人类将大量的废弃物向环境过度排放，特别是固体废弃物污染严重，造成生态危机日益加剧。

三是人类技术活动的失控或滥用引起的技术污染产生的环境负效应。人类无节制的生产与消费，使得对自然资源的开发利用、加工改造远远超过了自然资源的再生和复原能力，因而生态危机随之迅速蔓延。随着经济的发展和社会的进步，人们的技术活动不但没有得到有效地纠正，从生产应用的程度上来说反而得到进一步强化。很多生态环境问题非常棘手，技术手段原本可以控制污染的程度，但随着人类技术活动的失控，技术污染的程度越来越严重，给环境带来的负效应远远大于预期。

这些因素导致了全球范围内的森林大面积消失、土地沙漠化扩展、湿地不断退化、物种加速灭绝、水土严重流失、干旱缺水普遍、洪涝灾害频发、全球气候变暖这八类突出问题。这表明，生态环境问题仍然是经济全球化进程中国际社会共同面临的严峻挑战。如何认识和应对环境破坏引发的生态环境问题，成为国际社会共同关注的重大时代课题。

二、生态危机的影响

近年来，雾霾污染成为人们最为关注的一个具体事件。在北京等高密度人口城市，汽车、燃煤等排放大量的细颗粒物（PM2.5）。若北京在受静稳天气等的影响时，很容易出现大规模的雾霾天气。2013年，"雾霾"成为年度关键词。在北京，一个月中，仅有5天不是雾霾天。

在2017年全国"两会"召开之前，人民网根据公众所关注的热点问题，开展了线上的调查。调查结果显示，"环境保护"是网民最关注的热点之一。环境保护在前10个热点问题中排名第六位。从网友的视角中来看，最严峻的五大环境问题依次是："水污染"（24.07%）、"大气污染"（23.26%）、"垃圾处理"（19.27%）、"生物破坏"（11.78%）以及"水土流失"（8.77%）。①这充分说明，生态环境问题关系到我国的可持续发展；生态环境问题因为关系人民群众的身心健康，已经成为人民群众关心的焦点；生态环境问题因为关系中华民族的永续发展，已经成为实现中华民族伟大复兴的焦点之一。

当然，生态环境破坏的影响是多方面、多层次的，给人类的生存与发展造

---

① http://politics.people.com，cn/n/2015/0302/c100 26621355.html.

成了很大的破坏力。首先，生态环境的破坏给人类生存环境带来极大的危害。生态危机引起的水污染、空气质量下降、全球气候变暖、固体废弃物污染等，这些无疑对人们的生存环境带来不可修复的影响。其次，生态环境的破坏对经济发展、社会稳定带来负面影响。能源急缺、物种破坏、土地沙化等对经济的发展提出更高的要求。生态危机的持续严重，人类生存环境的进一步恶化，造成社会的动荡不安，对社会安定带来极大影响。最后，生态环境的破坏给人们的消费方式、生产方式和价值观念敲响警钟。现如今异化消费现象非常严重，种种异化消费所能带来的只是暂时的经济发展，这种过度消费使得有限资源和人类无限索取之间的矛盾进一步激化，必然会带来经济的恶性循环。异化消费使人在对物的过分崇拜、高度依赖中丧失了自我，变成了物质追求的奴隶，也影响到人们的价值判断。这种社会环境逐步改变了人们的消费心理和价值观念，使得拜金主义、享乐主义、极端个人主义思想在人群中广泛传播，以权谋私、贪污腐败现象日益严重，这使得整个社会乃至全球犯罪现象严重加剧。

人民群众对美好生态环境的强烈呼声得到了党和国家的高度重视。围绕生态文明建设，党和国家陆续出台了一系列政策和措施，我国的生态环境保护正在路上。正是基于以上这些认识和原因，我们在继承前人研究成果的基础上，梳理我国生态环境面临的新问题与新挑战，剖析这些新问题与新挑战的社会根源，探讨解决这些新问题与新挑战的有效途径与方法，推进社会主义生态文明建设，才具有重大的理论价值和现实意义。这种重大意义，具体表现为立足我国的国情，积极借鉴世界各国环境保护的成功经验，充分发扬我国的优秀文化传统，总结我国生态文明建设的实践经验，形成比较系统的、具有中国特色的生态文明理论，以有效指导我国的生态文明建设实践，并对世界各国生态环境保护提供一定的借鉴。

第三节　生态文明的内涵诠释

生态文明与生态文明建设有其特定的发展背景，体现了人与自然和谐发展的哲学理念。

一、"文明"的概念溯源

究竟什么是文明呢？

《现代汉语词典》给出了 3 个释义：

（1）文化；

（2）社会发展到较高阶段和具有较高文化的；

（3）旧时指有西方现代色彩的（风俗、习惯、事物）。

网上词典"汉典"以及"维基词典"引证的"文明"释义多达9种：

（1）文采光明，如《易·乾》："见龙在田，天下文明"；

（2）文采，与"质朴"相对，如《苏氏演义》卷下："谓奏劾尚质直，故用布，非奏劾曰尚文明，故用缯"；

（3）文德辉耀，如《宋书·律历志上》："情深而文明，气盛而化神"；

（4）文治教化，如《呈范景仁》诗："朝家文明所及远，於今台阁尤蝉联"；

（5）文教昌明，如《琵琶记·高堂称寿》："抱经济之奇才，当文明之盛世"；

（6）犹明察，如《易·明夷》："内文明而外柔顺"；

（7）社会发展水平较高、有文化的状态，如《闲情偶寄·词曲下·格局》："求辟草昧而致文明，不可得矣"；

（8）新的，现代的，如《老残游记》第一回："这等人……只是用几句文明的词头骗几个钱用罢了"；

（9）合于人道，如《福建光复记》："所有俘虏，我军仍以文明对待"。

显然，近现代汉语中的"文明"与我国古代典籍中的"文明"有很大的不同。据学者考证，现代汉语中的文明含义实则是西学东渐的结果，受西方文明思想影响，国内对于文明的理解开始由古代的文治、教化逐渐指向社会的发展和进步。

国内学者对文明的界定主要有如下三种观点：

一是积极成果说，如虞崇胜的《政治文明论》中指出，文明是"人类社会生活的进步状态"，"从静态的角度看，文明是人类社会创造的一切进步成果；从动态的角度看，文明是人类社会不断进化发展的过程"。

二是进步程度说，如万斌的《论社会主义文明》中提出，文明是"人类自身进化的内容和尺度"，"它表明人类认识和理解自然规律、社会规律的成就以及通过政治、经济、文化、艺术等社会生活形式对这种成就的认识和应用的程度"；

三是价值体系说，如阮伟的《文明的表现：对5 000年人类文明的评估》认为，"文明一词不仅可以指一种特定的生活方式及相应的价值体系，也可以指认同于该生活方式和价值体系的人类共同体。"①

对于西方的文明观，杨海蛟等总结认为也有三种代表性的观点："进步状态说""要素构成说"和"文明文化一体说"。但从举例看，各类观点所述文明之属性和特征并不显要，例如所谓的"要素构成说"和国内的"价值体系说，也颇有雷同之处。他们认为马克思主义文明观主要强调文明的实践性、历史性和发展性。

贺培育的《制度学：走向文明与理性的必然审视》也分三个方面概括了文明的基本内涵：

第一是作为时间界限的"文明"，即按照摩尔根在《古代社会》中的分法，人类从低到高的阶段发展依次为蒙昧、野蛮和文明三个时期，总共约10万年，其中蒙昧时期约6万年，野蛮时期约合3.5万年，而文明时代只有5 000年时间；

第二是作为总体状况的"文明"，是指人类注重创造物质财富、精神财富的过程及结果，这意味着人类社会一定区域范围内影响总体的进程；

第三是作为进步状态的"文明"，标示着人类社会物质、精神生活不断发展进步的状态，在此意义上，与"合理""进步""合乎人性""合乎历史发展趋势"等语义基本相通。这三者中需要重点区别的是"作为总体状况的文明"与"作为进步状况的文明"。

笔者认为贺培育和杨海蛟等人的观点大致相同，些微不同处恰可以互相补充，亦即在社会科学领域，文明常用的内涵应该有四个：

一是表征历史阶段、带有时间界限意义的"文明"，例如与蒙昧、野蛮相对应的"文明时代"；

二是表征人类改造自然和改造社会的积极成果的"文明"，例如"物质文明""精神文明""制度文明"；

三是表征特定区域内人的共同体总的发展状况的"文明"，这种文明代表人类的特定族群经由长期共同生活所形成的价值体系及其自身，可以分解为一定的构成要素，在表达上不严格区分则与"文化"更近似，例如"中华文明""玛雅文明"等；

四是表征进步性、具有价值判断意蕴的"文明"，类似"合理""进步""礼貌"的含义和用法，例如"举止文明""言语文明"等。

---

① 阮伟. 文明的表现：对5 000年人类文明的评估 ［M］. 北京：北京大学出版社，2001，第52页.

二、"生态文明" 中的 "文明" 解析

显然，当下国内学者所探讨的生态文明中的文明与特定区域或特定族群并不相关，可以直接排除第三种释义。从线性生态文明观角度看，"生态文明" 中的 "文明" 更接近第一种释义，意指在社会形态的发展过程中替代工业文明的新的文明形态，具有时间轴向上的顺序性和阶段性，在此意义上的生态文明也可以指称 "生态文明时代"。当然，需要进一步指出的是，在国内即使明确主张线性生态文明观的学者，也绝不仅仅是在时间意义上来演绎生态文明，在其生态文明理论构建过程中仍不可避免地着眼于更实体性的人与自然关系的协调问题，其生态文明建设的归向仍是要在协调人与自然关系的各个方面取得积极成果，进而过渡到替代工业文明的新时代。简言之，线性生态文明观下的生态 "文明" 表面上归入第一种释义，实质仍为第二种释义。这也是为什么大多数学者在线性生态文明观的基础上做系统生态文明的文章的原因。

相较于线性生态文明观将生态文明主要界定为一种具有时间界限意义的 "文明形态"，系统生态文明观则主要是将生态文明作为一种 "文明结构" 或 "文明的构成要素" 来理解。张云飞教授在批判生态文明作为后工业文明的观点时，明确提出，"生态文明是与物质文明、政治文明、精神文明、社会文明属于同一系列的范畴（文明结构）"，① 试图 "以生态文明取代工业文明" 的观点在理论上 "有混淆文明形态和文明结构之嫌"；"正像每一种文明时代都有自己的物质文明、政治文明、精神文明和社会文明一样，生态文明是贯穿于 '渔猎社会——农业文明——工业文明——智能文明' 始终的基本的文明结构"，是 "在这些特殊性的形式中体现出来的普遍性原则和要求"；"这是由人（社会）和自然的关系问题在整个人类社会存在和发展过程中的基础性地位决定的。" 刘红霞教授也认为，"生态文明是贯穿人类社会始终的构成要素，它在各个文明形态中与其他社会的构成要素一起，影响着社会的发展和进程，是人类社会永恒的基调之一"；"终极的、彻底的、绝对的生态文明是不存在的，生态问题是每一种文明形态都必须面对的问题，任何文明存在的前提都是保持一个恰当的 '生态度'。"②

在此，两相对比可以发现，线性生态文明观和系统生态文明观最终都不得不将 "生态文明" 中的 "文明"——不论是 "文明形态"，还是 "文明结

---

① 张云飞. 试论生态文明的历史方位 [J]. 教学与研究，2009 (7).

② 刘海霞. 不能将生态文明等同于后工业文明——兼与王孔雀教授商榷 [J]. 生态经济，2011 (2).

构"，抑或是"文明的构成要素"——定位于"积极成果"的层面，或者说，没有协调人与自然关系的"积极成果"，就没有生态文明。不同的是，线性生态文明观认为这一积极成果的达成具有时间上的阶段性，在表象上是针对工业文明弊端的克服，在结果上是对工业文明的替代；而系统生态文明观则认为鉴于人与自然矛盾关系的恒久性，生态文明中作为"文明"的积极成果的达成没有时间界限，贯穿人类发展始终。颇有意味的是，在批判线性生态文明观、论证系统生态文明观的同时，张云飞教授和刘海霞教授分别提到了"普遍性原则和要求"以及"生态度"，贺祥林教授总结"文明"含义时提出了"作为进步状态""具有价值判断"的"文明"释义。受其启发，笔者认为"生态文明"中的"文明"首先应当是从第四种释义上来理解，即首先指向"生态理性"这样的价值判断和进步状态，亦即一种"文明标准"，然后才逐次指向以"积极成果"为实质的"文明结构"，最后才成其为一个"文明形态"或"文明时代"；并且作为"文明结构"的生态文明并不是与物质文明、精神文明、制度文明一同贯穿文明结构；作为"文明形态"的生态文明更不是替代工业文明的文明形态。

三、生态文明的内涵

国外很少有人用"生态文明"这一概念，但这并不意味着没有相关的研究和实践。事实上，严重环境污染事件最早发生于西方发达国家（包括日本），故环境主义运动和生态主义思想也最早产生于西方发达国家。国内学者在追溯生态文明的思想起源时，都会提及蕾切尔·卡逊的《寂静的春天》和罗马俱乐部的《增长的极限》，其实也不能忘记更早的利奥波德的《沙乡年鉴》。又因为生态文明建设以可持续发展为核心，故追溯生态文明的思想起源也不能忽略世界环境与发展委员会所发表的长篇报告《我们共同的未来》，"可持续发展"这一概念就因为这一著名报告的发表而广为流传，且随着环境污染和生态危机的日益明显而产生了越来越大的影响。在实践方面，有国内学者则把德国的废弃物回收经济建设、日本的"循环型社会"建设和美国的污染权交易制度建设都归入生态文明建设之中。目前西方正流行的低碳经济和低碳社会建设应该也属于生态文明建设。但中国人才明确提出了"生态文明"这一概念。

我国最早阐述生态文明的专著是张海源的著作《生产实践和生态文明》。该书把环境保护上升到生态文明建设的高度，作者在引言中说："根据环境污染的现实，保护环境已成为每个国家的政府、社会公民共同的紧迫任务。完成这个任务的前提和结果就是建设现时代的生态文明。"① 该书声称 "回答了为什么要建设生态文明，如何建设以及为何能够建设生态文明的问题"，② 但没有仔细界定何谓生态文明，谈论的主要是生产实践中的环境保护问题。

现代生态文明，共有两个理论派别——"修补论"和"超越论"。"修补论"因为亲现代性而表现得十分务实，而"超越论"更具有思想的彻底性和深刻性。两派的主要分歧出现在三个方面：一是关于"文明"界定的分歧；二是理解生态文明建设与市场经济之关系的分歧；三是理解生态文明建设和科技进步之关系的分歧。以下分别述之。

修补论者通常把文明理解为人类创造的积极成果，文明不包括邪恶、丑恶、消极的东西。我国官方意识形态所讲的物质文明、精神文明和政治文明分别指人类物质创造、精神创造和政治建构的成就。如此理解的"文明"不涵盖鸦片、海洛因一类的人造物，不涵盖希特勒《我的奋斗》一类的思想建构，不涵盖"凌迟""车裂"一类的酷刑。而超越论者所说的"文明"是历史学家、考古学家和人类学家所常说的"文明"，不专指人类创造的积极成果和人类生活的美善状态，而指任何一个民族或族群的整体生存状态。

对于生态文明与市场经济的关系问题，也存在两种根本不同的观点：一种认为，生态文明与资本主义是不相容的，而市场经济与资本主义是不可分的。另一种则认为，建设生态文明离不开市场经济，资本主义是可以"绿化"的。持前一种观点的著名人物有美国左派思想家布克金（Murray Bookchin）等人。布克金认为，绿色资本主义是不可能的；在资本主义市场经济条件下谈论"限制增长"，就如同在武士社会里谈论战争的界限一样毫无意义。你不能说服资本主义去限制增长，正如你不能说服一个人去停止呼吸。"绿色资本主义"或资本主义"生态化"的努力，在追求无限制增长的资本主义体系内都是不可能的。西方主流经济学家大多信持后一种观点。

当一个社会的领导阶级是资本家或与资本家分享利润和特权的政治家，社会制度建设的根本指南是"资本的逻辑"时，该社会无疑就是资本主义社会了。布克金说得不错，资本主义把经济增长看作最高社会目标，要求人类的一切活动，包括政治、军事、科学、文化甚至宗教，都服务于经济增长，归根结底都服从于"资本的逻辑"——不增长则死亡（grow or die）。如果经济增长必然意味着物质财富的增长，则绿化资本主义是不可能的。因为物质财富的增

---

① 张海潮. 生产实践与生态文明——关于环境问题的哲学思考 ［M］. 北京：中国农业出版社，1992，第 4 页.

② 张海潮. 生产实践与生态文明——关于环境问题的哲学思考 ［M］. 北京：中国农业出版社，1992，第 4 页.

长是有极限的，地球生态系统的承载极限就是物质财富增长的极限。

建设生态文明的有利制度条件之一是中国坚持走中国特色社会主义道路。目前，中国的分配制度尚需进一步按社会主义的要求加以改变。富人在"天上人间"的一次消费可达几十万元，而一个农民工一辈子也难挣到几十万。建设生态文明，要求限制人们过度的物质消费。我国现阶段需要用宏观经济政策刺激消费，但同时必须密切关注经济增长的生态极限。如果我们的制度鼓励人们在物质消费方面竞相攀比，则势必走向生态崩溃。

修补论者大多是经济主义者，认为发展才是重中之重，环保决不能压制发展，发展的前提是经济增长。鉴于"冷战"期间计划经济的低效率，经济主义者有对市场经济的高度认同，他们不赞成对资本主义的"过激"批判。我国官方意识形态更倾向于修补论。一位环境保护部的官员曾说，生态文明并非是取代工业文明全新的文明形态，不宜把"生态文明"抬得过高。其深层担忧是"过分拔高生态文明"会影响快速发展。而超越论者大多放弃了经济主义，他们认为，环境保护即使不是比经济增长更重要的目标，也是同等重要的目标，故决不能以环境破坏换取经济增长。

就生态文明建设与现代科技进步的关系问题，也存在两种根本不同的观点：一种认为，现代科技的发展方向就是错误的，现代科技一味追求征服力的扩大，全球性的环境危机、生态破坏和气候变化正是现代工业文明滥用现代科技的后果，必须实现科技的生态学转向，才可能建设生态文明。另一种则认为，科技始终是一种进步力量，科技发展有其内在的逻辑，不存在什么科技转向的问题，只要人类善用科技，就可以建设生态文明。前一种观点是正确的，科技发展没有什么"内在的逻辑"，科技永远应该以人为本。有多种科技，并非任何科技发明都代表着人类文明的改善（原子弹、氢弹的发明恐怕不能算是文明的改善）。现代科学是以穷尽自然奥秘为最终目标的科学，现代技术是以现代科学为知识资源、以无限扩大征服力为目标的技术，合起来可称为无限追求征服力增长的科技，或简称为征服性科技。全球性生态危机的出现与这种科技的"进步"有内在的关联。这种科技支持"科技万能论"，支持"资本的逻辑"，支持"大量生产—大量消费—大量废弃"的生产生活方式。若不彻底扭转科技的发展方向，则生态文明建设无望。必须实现科技的生态学转向。由追求日益强大的征服力的科技转向以人为本、保障生态安全、维护生态健康的科技，就是科技的生态学转向。实现了这种转向，我们就会优先发展生态学与环境科学，优先发展清洁能源、清洁生产技术、生态技术以及一切支持循环经济的技术（包括低碳技术）。修补论者大多信奉第二种观点，而超越论者大多信奉第一种观点。

　　当然，支持修补论最有力的理由是：人类不可能退回到农业文明，谁都不愿回到贫穷的古代，生态产业既然是产业，就必然仍是大批量、高效率的生产方式，即生态文明必须继承工业文明的许多技术和组织形式。

　　我们将综合现有成果的合理思想，给出一个对"生态文明"的清楚的定义。为能清楚地界定"生态文明"，我们先要清楚地界定"文明"。1999 年版的《辞海》解释"文明"一词说，犹言文化，如物质文明；精神文明，指人类社会进步状态，与"野蛮"相对。如上所述的修补论就是在第二种意义上使用"文明"一词的。《辞海》解释的"文明"的第一种意义与"文化"同义。英国学者菲利普·史密斯在《文化理论》一书中也指出，当"文化"一词指"整体上的社会进步"时，它与"文明"一词同义。如果我们把"文明"用作"文化"的同义词，则不能不考察历史学家和人类学家对这两个词的用法，即，不能不考察历史学家和人类学家所赋予这两个词的内涵。

　　美国人类学家托马斯·哈定等人认为，"文化是人类为生存而利用地球资源的超机体的有效方法；通过符号积累的经验又使这种改善的努力成为可能；因此，文化进化实际上是整体进化的一部分和继续。"著名英国人类学家马林诺斯基认为，文化实际上是"一个有机整体（integral whole），包括工具和消费品、各种社会群体的制度宪纲、人们的观念和技艺、信仰和习俗"，是"一个部分由物质、部分由人群、部分由精神构成的庞大装置（apparatus）。"这种意义的"文化"指"一个民族、集体或社会的生活方式、行为与信仰的总和。"① 这是在"20 世纪上半叶受到多位人类学家支持"的文化定义，"至今仍然在该学科中占据主导地位。"② 如果把这样的界定看作是对"文化"的定义，则它同样适用于"文明"。这是广义的"文化"或"文明"。这种意义的"文化"或"文明"指人类超越其他动物所创造的一切，历史学家通常也在这一意义上使用"文化"或"文明"。英国著名历史学家汤因比所说的"文明"就是这一意义上的"文明"③。

　　我们还必须较为清楚地界定何谓"生态"。一个名词一旦成为褒义的流行词就难免被滥用。"生态"一词如今经常被滥用。

　　生态学（ecology）的问世应是科学史上划时代的事情，因为它不仅开辟了一个全新的研究领域，而且采用了不同于现代主流科学的方法，提出了全新的科学理念。

　　① 菲利普·史密斯著；张鲲译．文化理论——导论［M］．北京：商务印书馆，2008，第 8 页．
　　② 菲利普·史密斯著；张鲲译．文化理论——导论［M］．北京：商务印书馆，2008，第 9 页．
　　③ 阿诺德·约瑟夫·汤因比著；沈辉等译．文明经受着考验［M］．杭州：浙江人民出版社，1988，第 48 页．

生态学最早于1866年为德国的海克尔（Ernst Haeckel）所提出，海克尔是达尔文的热心且有影响的信徒。他认为，生态学实质上是一种关于"生物与环境之关系的综合性科学（comprehensive science）"。这一定义的精神清楚地体现在布东·桑德逊（Burdon·Sanderson，1893）的生物学分支探讨中，其中生态学是关于动植物相互间外在关系以及与生存条件之现在和过去关系的科学，与生理学（研究内在关系）和形态学（研究结构）相对照。对于许多生态学家来讲，这一定义是经得起时间检验的。所以，李克利夫（Ricklefs，1973）在其编著的教科书中就把生态学定义为"对自然环境，特别是生物与其周围环境之内在关系的研究。"

在海克尔之后的若干年，植物生态学与动物生态学分离了。有影响的著作把生态学定义为对植物与其环境以及植物彼此之间关系的研究，这些关系直接依赖于植物生活环境的差别（坦斯利，Tansley，1904），或者把生态学定义为主要关于可被称作动物社会学和经济学的科学，而不是关于动物结构性以及其他适应性的研究（埃尔顿，Elton，1927）。但是植物学家和动物学家早就认识到植物学和动物学是一体的，必须消弭二者之间的裂缝。

安德沃萨（Andewartha，1961）把生态学阐述为"对生物分布和丰富性的科学研究"。但是，克莱布斯（Krebs，1972）认为实际上此定义并没有反映出"关系"的重要作用，因此，克莱布斯对定义又作了修正：生态学是"对决定着生物分布和丰富性的相互作用的科学研究"，并说明生态学关心"生物是在何处被发现的，有多少生物出现，以及生物出现的原因"。当代生态学家的观点是生态学应被定义为"对生物分布和丰富性以及决定分布和丰富性的相互作用的科学研究"[1]。可见生态学的基本方法是系统方法，其主要研究目标是生物机体、物种、群落等与其生存环境的复杂互动关系。

在强大的主流科学（以物理学为典范）的影响下，当代生态学家们也不免要努力采用还原论的方法，要努力建构数学模型，故非专业生态学家已难以读懂专业生态学家撰写的专业论文和专著了。但康芒纳所概括的生态学的四条法则是简明扼要的，这四条法则是：一切事物都必然有其去向；每一种事物都与别的事物相关；自然所懂得的是最好的；没有免费的午餐。

有了对生态学的基本了解，我们才能较准确地把握作为形容词的"生态"（ecological）一词的用法。"生态"或者与"生态学的"同义，或者指生物（包括人类）与其生存环境的相互依赖和协同进化。

综合以上观点，笔者认为生态文明是指用生态学来指导建设的文明，从而

---

① 人的基本需要指：保持健康的营养、保暖和保持基本体面的服饰以及遮风避雨的居所的需要。

谋求人与自然和谐共生、协同进化的文明。生态文明包括生态精神文明、生态法治文明、生态行为文明和生态物质文明四个层次。生态精神文明是生态文明的第一个层次，位于核心层；生态法治文明是生态文明的第二个层次，属于保护层；生态行为文明是生态文明的第三个层次，属于实践层；生态物质文明是生态文明的第四个层次，属于结果层。其中，生态精神文明处于核心地位，对生态法治文明、生态行为文明和生态物质文明具有统领和指导作用，生态精神文明可以从生态自然观、生态价值观、生态产业观和生态生活观四个方面来理解。

生态自然观。自然观是人们在处理人与自然关系中所形成的总的看法和基本观点，属于世界观的组成部分。人类中心主义的自然观，将人和自然割裂开来，将人类看成是自然的主宰，这种观念，必然带来人与自然的尖锐矛盾，不利于人类与自然的和谐发展。生态自然观要求人类在改造自然的过程中，要尊重自然的发展规律，并按照自然规律规范人类行为，强调的是人与自然的和谐发展，体现的是天人合一的哲学思想。

生态价值观。生态文明的兴起，是对主观价值论的颠覆和超越，"自然界不仅对人有价值，而且它自身也具有价值"①。生态自然观明确了人与自然是和谐发展的关系，人与自然的地位是平等的，都有各自存在的价值。生态价值观肯定了自然的内在价值，人类在实现自身价值的过程中，要尊重自然本身价值的实现，人类在实现自身发展的同时，必须尊重自然的发展规律。

生态产业观。传统的线性经济发展方式，给生态环境带来了巨大的损害，是生态危机产生的直接原因。生态文明要求人类发展的是生态产业，产业发展要生态化。生态产业的基本特征是绿色、低碳、循环。因此，产业生态化，要求人们转变生产方式，由灰色生产转向绿色生产，由线性经济转向循环经济，由粗放经济转向集约经济。

生态生活观。传统的生活方式强调以人为中心，物质至上，这必然对自然环境造成严重破坏。生态文明要求人们的消费方式、生活方式均要生态化，倡导适度消费和低碳生活。适度消费要求人们适度控制消费欲望，低碳生活要求人们形成低碳、绿色的生活方式，保护生态环境，节约资源，使生态环境能够保持自我修复能力。

四、生态文明的本质与核心价值

将生态文明排除在当下主流的"文明形态"和"文明结构"的理论框架

---

① 张慕萍. 中国生态文明建设的理论与实践［M］. 北京：清华大学出版社，2008，第70页.

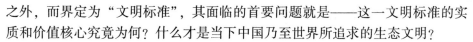

之外，而界定为"文明标准"，其面临的首要问题就是——这一文明标准的实质和价值核心究竟为何？什么才是当下中国乃至世界所追求的生态文明？

对于上述问题的回答首先应当明确，不论在何种意义上解释文明，文明一直与人类的实践紧密相连，自始至终离不开人类主观能动性的客观化，文明的内核亦始终与"进步"同义。因此，笔者并不认同因为人与自然的矛盾贯穿人类历史始终，正如对一个手无缚鸡之力的人面对一头猛兽而不得以选择顺从，不能谓之"礼让"一样，面对自然，若不能驾驭、控制或改变而暂时保存原样，并非真正的"生态文明"。又或者，可以将所有人与自然和谐相处的表象称之为广义的生态文明，而用狭义的生态文明专指笔者所述的真正的"生态文明"。有别于"物质文明""精神文明""制度文明"等文明结构的"积极成果"之说，而笔者所述的生态文明的内核是生态意识觉醒之后基于生态理性的行动自觉，包括积极作为和审慎不为。

（一）生态文明的实质是对人的自然本性的回归

任何意义上的文明的源起都出于对人的需求的满足，而人的需求又根植于人的自然本性和社会属性，生态文明也不例外。与其将生态文明的源起定位于对人类可持续发展需要的满足，毋宁定位于对人的自然本性的回归。生态文明所企求的绝不仅仅是满足生存需要的可持续发展，而是真正意义上的人与自然的和谐共处。人们无法接受以生态的全面破坏和人类的毁灭风险作为衡量是否可持续的尺度，也不应容忍以人的生命和健康的牺牲作为评判生态文明与否的标准。生态文明本身应当高于可持续生存和可持续发展的标准。

在中国，不仅以老子为代表的道家的整体主义自然观源远流长，甚至整个中国古典哲学，包括孔孟儒学、宋明理学、佛教哲学等都以"生"为核心观念，都可以谓之"生的哲学"。老子主张"道法自然""道生万物""道通为一""天人合一"，也就是认为人与自然万物不仅是以类相从、共生共存的整体关系，而且有着共同的本原和法则，因此，他倡导人的创造活动应当尊重自然、顺应自然规律，而不应无视自然之理，更不能置身于自然之外或凌驾于自然之上。与西方哲学主客二分的本体论不同，中国古典哲学习惯用"天"指称自然界，并将整个自然界视为本体存在，认为生命创造和流行则是其实现；用"万物"代表生命，主张即使是非生命之物，也与生命直接有关，是生命赖以生存的家园；人与自然不是外在的对立关系，而是内在的统一关系，正如宋代二程所说，"人之在天地，如鱼在水，不知有水，直待出水，方知动不得"，"天地安有内外？言天地之外，便是不识天地也"。换言之，人在天地之中，就如同鱼在水中一样，须臾不可分离，身处其中浑然不觉其重要，失去了

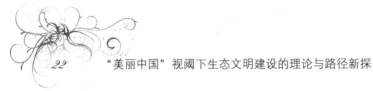

才知可贵。反观当下人类对所谓生态文明的渴求便是这一哲理的现实写照。

　　社会科学发展至今，对人的社会属性的关注远远超过对人的自然本性的关注，甚至一度被排除在有关人性的研究范围之外，但事实上，人的自然本性与人的社会属性一样，都会切实影响人的行为，因而对人的自然本性的分析之于社会科学对人的行为、社会关系和社会结构的研究是必须的。在人文科学领域，对于人的自然本性，戏剧艺术大师易卜生在其创作的《人民公敌》中进行过十分精准的阐释，他指出："人类走向歧路的开始，首先是对其自然本性的背离，物质主义淹没了精神追求，科学的昌盛助长了人类的肆意妄为，理性的觉醒使人类陶醉在夜郎自大的征服欲中，而没有把人提升为自然秩序的代言人。人类越来越远离其自然本性和对自身的终极关怀，远离对善与美的追求，最终也导致人与他人、人与社会、人与自然关系的全面扭曲。"我们看到由于物质文明高度发达，现代科学和工业化的高度发展而带来的核威胁、环境污染、温室效应、资源枯竭、物种消亡、臭氧空洞、瘟疫流行等种种令全球危机四伏的问题，殊不知，这些只是外部问题，其实，人的内部问题出现得更早、更为严重，也是所有问题的真正根源。"信仰的缺失、精神的空虚、行为的无能……种种表现已令我们触目惊心。在外部生态环境毁灭人类之前，人类可能已经在精神上毁灭自己了。"因此，人类要实现生态文明的前提条件是必须回归人类的自然本性，认清人与自然之母的依存关系，重拾对自然之力的敬畏之心，崇尚对自然之美、对蓝天白云和青山绿水的执着追求。从回归人的自然本性的角度，生态文明在更宽广的视阈中重新审视人的自然本性及由此产生的生态需求，包括生态安全的需求和生态审美的需求，即便是贫困也不应成为牺牲生态环境谋求经济发展的理由。在很多地方，恰恰是不合理的开发建设加剧了长期的贫困，从而使得贫困与生态破坏陷入恶性循环。自古游牧民族就有"逐水草而居"的生态智慧和传统。建设生态文明、实现对人的自然本性的回归，需要唤醒和推广生态智慧，以生态理性作为生态文明评价的价值核心。

（二）生态文明的价值核心是生态理性

　　学界对于生态理性的具体认知不尽相同，但大多数学者是将其置于经济理性、技术理性、工具理性的对立面进行论证和阐释。

　　法国左翼思想家安德烈·高兹将生态环境危机的产生归咎于不断追求利润最大化的资本逻辑和经济理性。他认为，在前资本主义的传统社会，经济理性并不适用，人们自发限制其需求，工作到生产的东西"足够多"为止；从生产不是为了自己消费而是为了市场开始，经济理性开始发挥作用。经济理性突破"够了就行"的原则，崇尚"越多越好"，把利润最大化建立在需求、生产、消费都最大化的基础之上。资本对利润贪欲的无限性与自然资源承受力的有限性之间的矛盾不可避免地将人类带入生态危机的旋涡。生态理性则相反，其主旨在于"更少但更好"，即以尽可能好的方式，尽可能少的、更耐用的物品满足人们的物质需要，并通过最少化的劳动、资本和自然资源来实现这一点。在资本主义条件下，生态理性和经济理性是对立的。从生态理性角度看对资源的破坏和浪费的行为，从经济理性角度看则是增长之源；从生态理性角度看是节俭的措施，用经济理性的眼光看则属未充分利用资源，降低国民生产总值。另外，高兹认为，从消费领域还是从生产领域获得满足，也是经济理性与生态理性的区别之一，从经济理性向生态理性的转换过程也是人们不断从生产而不是从消费领域获得满足的过程。

夏从亚教授等人则认为是工具技术理性的无度扩张引发了全球性的生态危机。工具技术理性的概念源自马克思·韦伯对两种合理性的划分和描述，主要指称"以功能、实效为目标，以计算、可量化、可标准化为基本路径的思维范式"；它使人类冲破神性的禁锢，并"推动了与现代西方文明相联系的一整套的资本主义的劳动组织、行政管理、法律体系以及科学技术的形成和不断成熟"。① 工具技术理性本身并不必然导致生态危机，资本与工具技术理性的合谋才是其走向非理性的根本原因。资本与工具理性的合谋使得人类对作为工具对象的物质的关注远远超过了对人作为主体存在和精神世界的关注，进而丧失了合理把握人类中心主义边界的愿望和能力，使得人类发展极度漠视自然的价值和客观规律，走向了人类中心主义的极端。与资本合谋的工具技术理性在实质上与高兹所说的经济理性完全一致，都是资本实现利润最大化的工具，它所真正体现的并不是人的主体价值，而是资本的主体价值；其所追求的并不是真正的人的幸福，而是纯粹的财富增值。"大量生产—大量消费—大量废弃"正是财富增值的必经之路，生态危机是其必然后果。

然而，学者们对资本主义经济理性和工具技术理性的批判是在西方经济理性和工具理性充分发展、现代化基本完成的背景下进行的，而中国尚在现代化的进程之中，市场化与经济理性在很多领域仍是经济体制改革的目标，工具理性的智性分析对于整个社会体系构建仍然不可或缺。日益严峻的生态危机呼唤生态文明建设，但在当下中国，发展仍是第一要务，为此，中国需要的是能够匡正经济理性并与之相容的生态理性，而不是与经济理性对立的生态理性；生态文明建设需要的是扬弃工具技术理性的生态理性，而不是试图取代工具理性的生态理性。

---

① 夏从亚，原丽红. 生态理性的发育与生态文明的实现［J］. 自然辩证法研究，2014（1）.

　　在社会主义市场经济背景下构建生态文明，以生态理性匡正经济理性、扬弃工具技术理性，首先应当明确经济理性和工具技术理性扩张的弊端所在及其与生态理性的差别。

　　在理论溯源上，无论经济理性和工具技术理性发端于哪个时代或哪种经济条件，不可否认的是，在其产生之初，人类的生产生活尚未对自然资源和生态系统造成实质性的影响或损害，现在所谓的经济发展的环境成本或代价并不在理性的考虑范围。然而，随着科学技术的发展、经济规模和人口规模的扩大，自然的承载力界限日益彰显，如果原有的经济理性和技术工具理性不能与时俱进地予以修正，继续将环境成本和生态损害置于经济成本考量范围之外，那么所谓的经济理性和工具技术理性必然走向非理性的深渊。

　　传统经济理性和工具技术理性忽略环境成本和生态损害的根由在于其价值观的偏差，即以积累财富和物质消费作为最大价值目标，忽视了大自然的自身价值，任意地攫取自然资源，任意地向自然界排放污染物，因而将经济发展所需的环境成本和导致的生态损害完全排除在理性的核算范围之外。而生态理性则把生态系统与经济系统视为母子关系，把大自然视为万物之母，在承认人是万物之灵，在生态系统中居于特殊地位的同时，强调必须保育大自然的生态价值，强调把人类的物质消费欲望和对自然的干预及改造限控在生态系统的承受能力范围内，亦即将理性的内在价值目标与外在的生态阈限加以综合考量，用其"最优化"原则修正传统经济理性与工具技术理性的"最大化"原则，不是什么带来（利润的）最大化就做什么，而是什么带来最好就做什么。所谓的"最优"和"最好"都是建立在作为主体的人与其"无机身体"的自然、真实、多元的需要和合理、适度的物质变换基础之上，其所构建的新的文化价值理念是要使人摒弃多余的欲望，追求与自然相和谐的有限度的生活方式，"诗意地栖居"，欣然于人与自然从物质到精神的多重交流。据此，修正后的经济理性和工具技术理性应当考虑经济活动的生态适宜性，引导经济结构和功能的生态化转型，进而维护生态系统的结构和功能；在资源利用和配置方面，把握开发的节奏和分寸，强调资源的保育和培植，以实现自然资源的生生不息和永续利用。[①]

　　在以培育和实践生态理性为核心建设生态文明的过程中，人们也应清醒地意识到，经济理性的理论形态即传统的经济学至今已有200多年的历史，不仅理论体系完备，而且积聚财富的实践效果显著，工具技术理性更是近现代理性发展史上不容抹杀的辉煌篇章；相形之下，生态理性的理论形态生态经济学和

---

　　① 姜亦华.用生态理性匡正经济理性［J］.红旗文稿，2012（3）.

生态伦理学仅有不到 50 年的历史，其理论应用尚在摸索阶段，且因触及很多既得利益而难于推行。因此，生态理性要包容和整合经济理性，要扬弃和修正工具技术理性，不仅需要理论上的重大突破，更需要实践的勇敢探索。

（三）生态文明：由文明标准选至文明向度和文明形态

如前所述，关于生态文明的现有理论主要分为线性生态文明观和系统生态文明观两大类，主要涉及文明形态和文明结构两大范畴。而笔者认为对于生态文明的理解，从实践视角看，首先应当将之作为一种文明标准加以阐释，这一标准的价值核心就是生态理性，合乎生态理性标准的是为生态文明，不合生态理性标准的就是生态不文明。

"人类的全部文明都是动力于其对存在苦难意识和对生存匮乏的困惑激情，并是努力于消解存在困难、消解生存困惑和生存匮乏的行动展布和行动结果。"① 在此意义上，生态危机是生态文明产生的原动力，"这种令我们忧郁而沉痛的处境，恰恰是新文明诞生的开始"。"世界正在从崩溃中迅速地出现新的价值观念和社会准则，出现新的技术，新的地理政治关系，新的生活方式和新的传播交往方式的冲突，需要崭新的思想和推理，新的分类方法和新的观念。"② 这种新思想、新观念和新方法就是符合人类和自然整体发展需要的新的理性，即生态理性。唯有生态理性可以担当消解生态危机、催生新的生态文明的行动指南。正是在"价值观念""社会规则""行动指南""文明标准"的层面，生态文明才真正具有了实践性，并且与作为"社会控制"的基本手段的"法"产生了紧密的联结点。离开了生态理性这一文明标准，无论在"文明结构"还是"文明形态"层面，所谓的生态文明只能是无源之水、无本之木。

作为生态文明价值核心的生态理性是一个宏大的命题，不仅其思考的对象是人与自然乃至整个宇宙的整体关系，其思维范式是整体的亦是综合的，并且其应用领域也覆盖至人类社会生产和生活的方方面面；生态理性不仅是一种纯粹的思维方式或方法，更有与之匹配的世界观、价值观、伦理观、发展模式与生活方式，由此而构建的生态文明也绝不仅仅是一种基于技术社会形态划分的后工业文明的文明形态或与精神文明、物质文明、制度文明相并列的一种文明结构。

以技术社会形态理论为基础，信息技术已成为工业社会之后新的技术社会

---

① 唐代兴. 生态理性哲学导论［M］. 北京：北京大学出版社，2005，第 226 页.
② 唐代兴. 生态理性哲学导论［M］. 北京：北京大学出版社，2005，第 218 页.

形态的标志性技术，信息文明（或称"知识文明"或"智能文明"）是技术社会形态划分基础上的后工业文明形态。当然，生态文明也不是后信息文明。如果仅仅局限于技术社会形态理论，仅仅将生态文明理解为后信息文明，那么将大大降低生态文明的实践价值和现实意义，那无异于将生态文明的建成仅仅寄望于标志性的生物技术的发明或创造，寄望于不以人的意志为转移的社会生产力的提高。而当下世界各国生态文明建设的实践范围远远超出了鼓励和推广应用生物技术或生产技术生态化的范畴，在生产领域外，生态文明建设的领域至少还包括生态教育、生态伦理、生态法治、生态消费等等。

生态文明也不是一般意义上与精神文明、物质文明、制度文明相提并论的文明结构或文明要素。生态文明的理念和理性标准贯穿于精神、物质、制度各个文明结构，成为其不可或缺的文明向度或文明主线，其所解决的不仅仅是如何改造客观世界的问题，也包括如何改造人的主观世界的问题；其所涉及的不仅是人与自然的关系，更实质的是人与人的关系。生态文明并非外在于精神文明、物质文明、制度文明的，而是可以与之并列的独立的文明结构或文明要素，实际上就是其综合构成的文明系统或文明形态的灵魂的某个侧面。如果说生态理性是一种止于至善的高级理性，那么生态文明就是一种只能无限接近而无法超越的文明形态，因此，生态文明的建设完全可以从当下工业文明内部的生态自觉开始，无限延展至任永堂教授所说的信息社会之后的大的生态社会历史阶段。

五、生态文明多维度阐释

狭义的生态文化是以生态价值观为核心的宗教、哲学、科学与艺术。在广义的文化中，狭义的文化主要体现于理念和艺术，当然它也直接渗透在语言、风俗和制度之中，它甚至还体现在技术和器物之中。

我们将逐一阐释广义生态文化即生态文明的各个维度，并进而概括生态文明的基本特征。现代文明理念中的人类中心主义是强烈支持人类征服自然、破坏地球生物圈的意识形态，它已受到不同流派的环境哲学的批判。在未来的生态文明中，我们应树立非人类中心主义的世界观和价值观，即体认价值的客观性，承认人与生物圈的关系也是伦理关系，体认超越于人类之上的终极实在的存在，体认人类自身的有限性。

说明了生态文明的理念维度之后，还有语言、艺术、风俗、制度、技术、器物诸多维度。以下逐一分析之。

（一）生态文明的语言

语言是人类超越其他动物的根本标志，从而是人类文明的基本标志。但通过不同语言的比较而分析文明的差异，是语言学家、人类学家、历史学家等才能胜任的细致工作，此项工作不是哲学的任务。但我们可以设想，在生态文明中，表达和谐、平衡，关怀生命的词汇应该丰富一些，表达暴力和征服的词汇应该少一些。人们最常用的词汇能反映时代特征，从而能反映文明特征。例如，在我国"文化大革命"期间，关于斗争的词汇特别丰富，什么"把阶级敌人打翻在地，再踏上一只脚，让他永世不得翻身""拿起笔，做刀枪""金猴奋起千钧棒，玉宇澄清万里埃""把阶级敌人斗垮、斗臭""斗则进，不斗则退"，等等。那时，许多斗争和冲突是人为的而不是不可避免的。当时斗争的频繁与斗争的语言有关。如今，我们正努力建设和谐社会，和谐、平衡开始成为中国人追求的理想，从而关于和谐、平衡的语汇（包括"互惠""双赢""共生"等）会丰富起来，这样就会减少许多人为的斗争和冲突。生态文明的语言应该是主和的语言。这当然不意味着建设生态文明不需要经过任何形式的斗争。事实上，科技万能论和反科技万能论、物质主义与反物质主义的思想斗争将会是长期的，线性经济增长方式的既得利益者与力主建设生态经济的人们之间的斗争也将会是长期的，甚至是尖锐复杂的。但总的说来，生态文明应是主和的文明，从而其语言也应是张扬和平、促进和谐的。

（二）生态文明的艺术

人总是追求意义的，人是追求无限的有限存在者。现代文化激励人们以追求物质财富的方式追求无限（或意义）。当然，物质财富也可被划分为不同种类。有的人看重珠宝、古玩，现代更多人永不知足地消费科技含量高、设计"人性化"、包装精美的工业品，如汽车、各种电器（如计算机、手机）。现代艺术的主要社会功能就是包装商业服务和工业品，满足人们的娱乐、休闲和审美需要，激发人们消费，推动经济增长，从而服务于"资本的逻辑"。但艺术可以为人们直接的意义追求敞开无限的空间。蔡元培等教育家、思想家曾主张以艺术代替宗教，就因为艺术能满足人们的超越性追求。王国维在介绍和评论德国文学家、美学家席勒时说："希尔列尔（即席勒）以为真之与善，实赅于美之中。美术文学非徒慰藉人生之具，而宣布人生最深之意义之艺术也。一切学问，一切思想，皆以此为极点。"① 王国维认为，艺术和审美的境界是"无利无害，无人无我，不随绳墨而自合于道德之法则"的境界。"一人如此，则优入圣域；社会如此，则成华胥之国。"② 可见，艺术可成为人们追求人生意义的途径，可满足人们的超越性需要。历史上有这样的杰出艺术家，他们追求艺术，不是为了金钱，而是为了自我价值的实现，或说他们追求的不是艺术的"外在的善"而是艺术的"内在的善"。但现代社会不支持这样的艺术家，这样的艺术家生前往往穷愁潦倒，死后才名声大噪，其作品才得到社会承认。现代文化迫使艺术服务于商业。在未来的生态文明中，应进一步缩短人们的工作时间，使人们有更多的业余时间。这样，酷爱艺术的人就可以用追求艺术的方式追求人生意义，从而摆脱消费主义的模铸和束缚，逐渐创造出非商业化的艺术，从而促进多样艺术的繁荣。简言之，生态文明的艺术应是多样化的艺术，应有较大比例的独立于商业的艺术，而不像现代艺术几乎完全附着于商业。

（三）生态文明的风俗

现代文明的风俗表现为生活时尚，它在很大程度上受制于商业和媒体，大众的消费偏好和生活趣味就直接表现在时尚之中。现代时尚有三大特征：一是变化快，二是呈现去道德的趋势；三是跨国界或国际性。这三大特征都与"资本的逻辑"有关。快速变化的时尚催促着人们不断更换消费品，从而起到促销作用，使资本能灵活周转、加速周转。去道德倾向使人们认为，生活中的许多维度是与道德无关的，如消费是与道德无关的，只要市场上有某种商品，我就可以根据自己的需要去购买，只要有某种商业服务，我就可以花钱享受这种服务。去道德就是使本该受道德约束的活动摆脱道德的约束。大众持这种态度显然有利于商家。人们在不断变化的时尚中，是否越来越有幸福感，是很值得怀疑的。风俗的去道德化正是现代道德失去传统道德的那种约束力的原因之一。传统道德在很大程度上是靠风俗而内化于人们的心灵的。与现代道德相比，传统道德当然有约束过严的弊端，比如，在中国某些地方，姑娘未出嫁之前若被发现与男人有染，会被家族处死。这当然过于残酷。但现代风俗又基本失去了维系道德的功能，致使道德几乎全靠法制震慑和人际监督维系。现代时尚的前两个特征都不利于生态健康。现代时尚推动着消费主义的流行，支持着消费社会的"资本的逻辑"，激励着人们的物质贪欲。去道德化倾向使人们忘

---

① 王国维；佛雏校辑. 王国维哲学美学论文辑佚 [M]．上海：华东师范大学出版社，1993，第258页.

② 王国维；佛雏校辑. 王国维哲学美学论文辑佚 [M]．上海：华东师范大学出版社，1993，第257页.

记了自己作为消费者的社会责任。古代的风俗是民族性的，不同的民族有不同的风俗，即使不同民族的风俗能相互影响，但不可能像现代风俗这样表现为国际性时尚，如一种时装在巴黎流行，很快就会也在别国流行，更不用提麦当劳食品、好莱坞电影在世界各国的流行。因为古代的经济活动是相对封闭于特定国家或地域之内的，而今天的经济活动已是国际性的活动，资本在世界市场上流通，在全球寻找最佳投资途径，资本的全球流通和经济贸易的全球化势必推动时尚的国际化，因为资本在强有力地操纵着时尚。

针对现代时尚的前两个特征，生态文明的风俗应恢复风俗的稳定性，并应重新获得维系道德的作用，不应像现代时尚一样几乎完全被商业所左右。生态文明的风俗应有利于培养人们的消费责任，如培养绿色消费的责任，使人们不以铺张浪费、暴殄天物为荣，不以生活简朴为耻；使人们意识到在物质富足的社会，消费者是可以通过自己的消费选择影响整个社会的。一个人坚持购买环保产品似乎微不足道，但当这样的消费者日益增多时，环保产品的市场就会扩大，这样就会促进产业结构向亲自然的方向转变。

现代人的交往方式过分受商业影响，俱乐部也主要以夜总会的形式经营。在生态文化中，人们应创造新的交往方式，甚至学习古人，创造性地复活一些古人的交往方式，如诗社、画社等。将来的非营利性社团可以为人们提供多样化的交往空间，从而削弱资本对时尚的操纵。可以断言，如果有越来越多的人摒弃了物质主义、消费主义价值观及与之相应的生活习性，资本对时尚的操纵力就越来越小。

（四）生态文明的制度

现代制度有其合理之处，但仍存在严重弊端。现代制度的逐渐生长与现代理念的逐渐深入人心密切相关。市场制度与民主制度都与自由和人权观念密切相关。传统社会制度的主要弊端在于它不能有效约束统治者的权力，而被统治者的自由却又被制度约束得过严，从而其权利被剥夺过多。即统治阶级残酷地压迫剥削被统治者。启蒙运动之后，西方逐渐建立起宪政民主，这便对统治者（或治理者）的权力实行了法治化、程序化的限制，使之不能不受惩罚地压迫剥削平民百姓（公民），同时使平民百姓的基本权利受到法治的保护。这无疑是政治史上的伟大进步。但西方启蒙所带来的政治进步并没有同时导致启蒙学者们预言的道德进步。如果说政治与公共道德密不可分，那么可以说，现代民主政治带来了公共道德的进步，但没有带来个人道德的进步。实际上，个人道德水平大大降低了，所以，现代人的整体道德水平丝毫也没有提高。平民百姓获得了自由，他们的权利有了法治和民主的保障，但他们追求人生意义的方式却并不比传统社会的人更高尚。我们没有理由认为，拼命赚钱、及时消费比"富而好礼，贫而乐道"更高尚，也没有理由认为拼命赚钱、及时消费比虔信上帝、拯救灵魂更高尚，现代人也不比忠厚本分、知足常乐的古代中国农民高尚。

早在 18 世纪，法国著名思想家托克维尔就曾指出："民主利于助长物质享受的欲望。这种欲望倘若没有节制，就会使人们相信一切都只是物质；再由物质主义用煽动这一享受的狂热来完成对他们的引诱。民主国家就是在这个宿命之循环中生长起来。看到这一危险并坚守到底是有益的。"实际上，人类正面临的生态危机与现代制度的价值导向（与主流意识形态的价值导向一致）密切相关。现代制度因过分受制于"资本的逻辑"而激励人们拼命赚钱、及时消费。这种制度又因为能最有效地保证民族国家追求富强而产生了全球性的示范作用（这与它能保障人权，满足人们的自然需要也有关系），但拼命追求富强的国际竞争会使人类在生态危机中越陷越深！

生态文明当然不能抛弃市场制度和民主法治。在生态文明中，需在保持民主法治基本框架的前提下，探讨如何使思想精英的理性之思更有效地影响大众的问题。

市场制度在动员人们进行各种生产方面起着根本性的作用，它利用人们追求自我利益最大化的倾向，用利益杠杆推动人们从事各行各业的经营、生产和创新。生态文明建设不能建立在人性改善的乌托邦梦想之上，所以它不能弃绝市场经济制度。但生态文明可通过其更合理的理念，促使人们改变信念，培养生态良知，甚至克服物质主义、消费主义价值观。

简言之，生活于市场经济制度和民主法治之下的人既可以是"经济人"，也可以是"生态人"，生态文明不要求把所有人都转化为圣人。"生态人"可以仍具有"经济人"的追求自我利益最大化倾向，但他们因为同时具有生态良知，而在道德上有所进步，在理智上更加开明（他们的偏好包括清洁环境、自然美、生态健康）。有生态良知的人们的利益观会发生根本改变，他们会意识到，利益不仅包括物质财富，还包括人际交往的改善、生态健康、环境宜人等。人与人之间的竞争或许是不可消除的。在生态文明中，人际关系仍会保持在适度的竞争张力之中，但由于利益观改变了，"经济"一词的意义也会改变，利用市场机制，用利益杠杆推动人们去维护生态健康是可能的。当然，不能设想仅凭市场就可驱使追求私利的人们自觉维护生态健康。

生态文明的制度应该有利于非营利性的非政府组织的活动。在由现代文明向生态文明的转型过程中，尤其应该鼓励以保护环境为目标的非政府组织的活动。

现代制度似乎支持信仰、价值多元化，实际上它表面的多元化维护着经济主义和消费主义的主导地位。可能有人说，许多发达国家的人都信仰基督教。但西方宗教改革之后，基督教就日益变得能与"资本的逻辑"兼容。今天的基督徒可以同时是经济主义者和消费主义者。由于现代制度过分支持"资本的逻辑"，故现代社会不是真正的能促进个人自由发展的多元社会。一个不会赚钱的人会被大多数人看作失败者，不管他在某些方面（比如绘画）如何卓越。主流社会对少数有独特追求的人们的贬抑，扼杀了他们的天赋，抑制了他们的创造激情。生态文明的制度应鼓励真正的价值多元化，鼓励人们在生活方式上的独创性。在生态文明中，不仅任何宗教都不能提供统一的价值标准，金钱也不能成为统一的价值标准（即经济主义、消费主义不能居于主流价值观地位）。在这样的社会中，一个人不必为自己赚钱很少而感到自卑，他完全可以在基本需要得以满足的前提下，一往无前地追求自己所认定的最高价值。

货币的产生无疑代表着文明的巨大进步。资本主义"使万物皆商品化"，把货币的魔力凸显到无以复加的程度，从而空前地提高了物质生产的效率，这也是具有重要历史意义的。货币是社会的一般价值符号，它只能代表人们共同追求的价值，或者代表一定数量的人群共同追求的价值。货币无法代表极少数个人追求的独特价值，对个人来讲，其独特追求对于其生活幸福是极为重要的。一个社会的制度若过分支持市场化，就会把占有货币当作衡量个人价值实现的唯一标准，这样的社会必然是压制个性和文化（狭义的）创造性的。

生态文明的制度应保障每个人的基本需要的满足，同时真正鼓励人们的多元价值追求。只有在这样的社会中，个人才能获得最为全面的发展。为保证社会的物质富足，必须保留市场经济制度，即必须保留利用金钱去刺激人们从事各行各业活动的制度。马克思、恩格斯设想的那种完全消除社会分工界限、劳动成为人们"第一需要"的理想社会离现实还十分遥远。任何一个社会都会有许多枯燥甚至极为艰辛的行业，没有金钱的刺激，就没有人愿意从事这些行业。更不用说，为保持物质丰富，社会必须具有强有力的动员人们从事物质生产的机制。就此而言，市场经济制度是必要的。但是，为了纠正资本主义的错误，生态文明的制度必须通过政府掌控的"第二次分配"去鼓励道德进步、精神提升，去激励各种非功利性的文化创造活动。

（五）生态文明的技术

技术的转变是关键性的转变。只有当人类实现了从征服性技术向调适性技术的转变时，才能说我们已从现代文明转向了生态文明。

在生态价值观和理解性科学指导下的技术可以继承现代技术的许多成果。

信息技术则可以直接为生态文明所用。在美国蒙大拿大学哲学系教授阿伯特·博格曼（Albert Borgmann）看来，"信息技术变成了后现代经济的发动机。现代经济可能已患上过分地大批量生产商品带来的僵化症，和遭受它在环境中造成的有毒条件所导致的缓慢的（如果不是致命的）中毒。信息处理方式开辟了许多新的生态龛（niches），要求用顾客化的商品和精致的服务来填充。它有利于监控和净化环境，以节约方式使用和循环使用资源。信息本身变成了一种宝贵的资源和精疲力竭的地球所易于承担的消费品。"① 现代经济不仅"可能患上过分地大批量生产商品带来的僵化症"，而且事实上因"大量生产——大量消费——大量废弃"而造成了巨大的生态压力。信息技术可转化人们的物质消费欲望，即可通过信息消费的方式部分满足人们原来必须通过物质消费才能满足的欲望，从而缓解人类物欲对地球生态健康的冲击。但这必须伴随着人们价值观的改变才能成为现实。

（六）生态文化的器物

文明的器物层面与技术层面有最为直接的相关性，有什么样的技术，就有什么样的器物。工业体系生产工业品，我们希望，在生态文明中，生态工业体系生产生态产品。利用化石燃料做能源的现代工业是现代文明的硬性标志。随着人口的增长和现代生活方式的全球性影响，人类不得不使用化石燃料，因为生物资源无法满足日益增长的人口的物质需求。更严重的是，在现代文明中，不仅人口增长，而且一代人比一代人贪婪。你完全不能设想现代人完全用木柴或农作物秸秆做饭、取暖……但化石燃料的大量使用以及化学工业的扩展，正是现代环境污染和生态破坏的直接原因。西方呼唤生态经济的学者们宣称："随着新世纪的开始，化石燃料的时代走到了穷途末路。"② 在未来的文明中，人类必须寻找新能源。莱斯特·R.布朗认为，这种新能源就是太阳能/氢能，采用太阳能/氢能的经济便是"氢能经济"③。"世界能源经济重新建构之后，其他经济部门也会发生变化"④。莱斯特·R.布朗的预言也许过于简单，如何实现由化石燃料经济向清洁燃料经济的转化，将是生态文明中最重要的科技攻

---

① 罗伯特·伯格曼著；陈一壮译. 信息与现实［J］. 山东科技大学学报，2006（3）.

② 莱斯特·布朗著；林自新等译. 生态经济——有利于地球的经济构想［M］. 北京：东方出版社，2002，第110页.

③ 莱斯特·布朗著；林自新等译. 生态经济——有利于地球的经济构想［M］. 北京：东方出版社，2002，第109～134页.

④ 莱斯特·布朗著；林自新等译. 生态经济——有利于地球的经济构想［M］. 北京：东方出版社，2002，第111页.

关项目之一，需要一代又一代科技工作者的努力。

实现了能源革命，就不难生产生态产品和环境友好型产品。生态产品和环境友好型产品应成为生态文明中人们使用的主要物品。

随着文明其他维度的改变，人们对物品的需求量会保持在适度的范围，产业部类也会产生巨大的改变。随着人们价值观的改变，人们的消费偏好会改变，如对电子产品、文化产品的需求量可能提高，对汽车一类商品的需求量会趋于稳定。

值得注意的是，器物对文明的作用一向不限于满足人们的基本物质需要。器物总具有符号价值。即使是古代文明，也需要通过器物去标识不同阶级、阶层的社会地位或政治地位。如中国古代皇宫使用的器物象征着皇家气象。各种礼器则更有标识社会地位和政治地位的象征意义。

然而，古代社会器物的符号意义与现代工业社会器物的符号意义根本不同。古代社会的物质生产相对不足，物质生产的主要目的是满足人们的基本需要。除皇家和官宦之家外，人们劳动主要是为了获取生活必需品。现代社会不是这样。现代的物质生产几乎完全从属于"资本的逻辑"。进入消费社会以后，人们拼命赚钱、努力工作，也主要不是为了满足基本物质需要，他们或为制度化的职场竞争所迫，或为追求人生的成功。现代消费社会消弭了基本需要和意义追求之间的界限，它用日益丰富的商品等级和商业服务等级编制了一个价值符号体系。这个价值符号体系就是一个价值阶梯，例如，今日中国不同品牌和价格的轿车就构成一个标识人生成功程度的价值符号系列：如果你只买得起"帕萨特"，就表明你刚踏上人生成功的道路；如果你能买得起"宝马"，则表明你已跻身成功人士行列。现代制度支持的由物构成的价值符号体系激励着人们在社会等级阶梯上攀登，从而支持着资本的周转和流通，激励着经济的增长。但物的体系的扩张与生态健康是相互冲突的。

在生态文明中，市场必须受政治、道德和科学的制约，资本也必须受政治、道德和科学的制约。人们价值观的改变和制度的改变会淡化物的价值符号作用。有生态良知和较高境界的人们不会再以拥有尽可能多的物质财富为荣，他们对器物的追求会限于基本物质需要的满足，他们的意义追求将不再依赖于金钱和物质财富的增加。

第二章

推进生态文明建设，构筑"美丽中国"

　　党的十七大首次把"生态文明"这一概念写入党代会报告，将"建设生态文明"作为实现全面建设小康社会奋斗目标的新要求之一。党的十八大报告进一步突出了生态文明建设的地位，将生态文明建设提升到与经济建设、政治建设、文化建设、社会建设同等的战略高度，将五者并称为新时期的五大建设，提出了建设美丽中国的宏伟目标。

第一节　　"美丽中国"的生态内涵

　　"美丽中国"是党的十八大报告中的崭新名词，它出现在十八大报告第八部分"大力推进生态文明建设"的首段："建设生态文明，是关系人民福祉、关乎民族未来的长远大计。面对资源约束趋紧、环境污染严重、生态系统退化的严峻形势，必须树立尊重自然、顺应自然、保护自然的生态文明理念，把生态文明建设放在突出地位，融入经济建设、政治建设、文化建设、社会建设各方面和全过程，努力建设美丽中国，实现中华民族永续发展。"在党的重要文件当中出现这一富有情感色彩的描述性或者说评价性语言，这是前所未有的事情。从党的十六届三中全会我党明确提出科学发展观的概念以来，实现社会发展与资源环境相协调就成为中国特色社会主义发展中的重要课题。党的十七大在科学发展观的指导下，第一次将生态文明写入报告，并将建设资源节约型、环境友好型社会写入党章，建设生态文明被首次列入国家重要发展战略，成为全面建成小康社会的基本要求。"十二五"规划纲要又在此基础上进一步提出了"绿色发展"理念。这些都充分展示了党和政府对建设生态文明的高度重视。但是在党的重要文献中将建设生态文明独立成篇，并明确将其纳入中国特色社会主义总体布局还是第一次。十八大不仅将建设生态文明与人民福祉、民族未来、国家建设紧密联系在一起，更将生态文明置于实现社会整体文明的基础地位，向全党全国人民发出了建设美丽中国、努力走向社会主义生态文明新时代的伟大号召。"建设美丽中国，实现中华民族永续发展"，国家美丽、民族永续，十八大报告对国家和民族之未来这一饱含感情色彩的设想具有丰富的价值定位，因此引发了社会各界的共鸣。人们各抒己见，纷纷从不同角度来诠释"美丽中国"所包含的对未来中国社会发展模式、路径与前景的期许。

十八大以后，2012 年 11 月 29 日，党的新一届领导班子在国家博物馆参观《复兴之路》的陈列展览，习近平发表了重要讲话。他回顾和总结了近代以来中国人民为实现复兴走过的历史征程，并用追求"梦想"来描述这一伟大历程，强调实现中华民族伟大复兴是近代以来中华民族不懈追求的"中国梦"。他还用"长风破浪会有时"来描述中华民族光明的前景。习近平指出："我们比历史上任何时期都更接近中华民族伟大复兴的目标，比历史上任何时期都更有信心、有能力实现这个目标。"他号召全党在新的历史时期要更加紧密地团结全体中华儿女，承前启后、继往开来，努力把党建设好、把国家建设好、把民族发展好。经由中国国家最高领导人诠释的"中国梦"一时间跃入全世界的视野，同样也引起了来自各方的强烈反响。

关于"美丽"，中国人对其的理解强调的往往是主体内在特质的美好。无论是对人或对事物，以美丽来评价，都是表达人们发自内心的一种喜爱、认可、赞美和满足的情感。作为人们对自身发展的良好愿望，梦想都是美丽的。美丽中国是对中国梦的一种感性而全面的描述，如果说中国梦是对未来中国的设计和构想，那么美丽中国就是当梦想变成现实的时候呈现于世界面前的未来中国！一百多年前，梁启超的一篇《少年中国说》成为激励国人奋发图强的热血檄文。文中援引"少年"一词所指称的主体特征，对中国的未来发展寄予了深切期望。而当下，"美丽中国梦"则更像一种饱含深情的呼唤，一幅气势恢弘的盛世蓝图，勾画和承载了全体人民对国家强盛、民族兴旺、社会和谐、个人幸福的美好愿景与期盼。

第二节 "美丽中国梦"是可持续发展之梦

发展问题是影响人类社会发展的重大问题，发展观表明了人们对未来经济社会发展的根本看法和态度，有什么样的发展观，就会有什么样的发展道路与之相适应，特别是以国家意志形式出现并作为指导思想和基本原则的发展观更是影响着这个国家或社会的发展方向和性质。面对日益严重的生态危机以及复杂多变的国际形势，中国要实现从一个发展中国家到全面建成小康社会的宏伟目标，缩小与发达国家之间的差距，就必须从改革开放之前所走的老路的束缚中解放出来，也必须超越西方工业文明社会发展模式的影响，走一条既反映时代问题、时代特点，又体现中国特色的新路。新路的提出和逐渐完善需要一种科学的发展理论的指导，科学发展观是适应这一形势和要求而产生的，它对于一个处于既有机遇又有挑战的发展中国家来说意义重大。生态文明以国家意志的形式被写进党的十七大报告中，这是落实科学发展观与构建和谐社会的重要体现。党的十八大强调，要着力推进绿色发展、循环发展、低碳发展，形成节约资源能源和保护环境的空间格局、产业结构、生产方式、生活方式。十八届三中全会从资源管理、环境管理、生态管理的视角创新人与自然之间的辩证关系。建设社会主义和谐社会，离不开科学发展观的指导。虽然我国在生态环境建设方面取得了一些成绩，但是总体形势依然严峻。要想真正解决生态问题，必须学会用发展的眼光、联系的观点看问题，以国家的生存为根本来对待人与自然之间的矛盾。生态文明是科学发展的必然结果，也是中国特色社会主义理论的时代内涵。

一、全面协调、可持续发展与生态文明建设

马克思主义认为，未来理想社会是物质资料丰富、精神生活充实、人际关系和谐、人与自然和谐相处的社会。全面协调可持续发展的基本要求强调了人、自然、社会之间相互协调、共同发展的关系，符合马克思主义关于人类社会发展的基本观点。全面发展是指发展的整体性，不仅包括经济发展，还要包括政治、文化、社会、生态等各方面的发展；协调发展是指各个方面发展的均衡性，生态文明建设不仅要与物质文明、政治文明、精神文明、社会文明相互协调、共同发展，生态系统内部也要实现协调发展；可持续发展是指发展的持续性，既要关注当前的发展，也要考虑未来的发展。全面协调可持续发展要求

我们在处理地区之间、城乡之间、人与自然之间的关系时，在处理市场机制和宏观调控、消费和投资、国内发展和对外开放等关系时，努力实现经济、社会、自然之间的整体、均衡、持续发展。

（一）全面协调可持续发展对生态文明建设的指导作用

科学发展观的精神实质在于它的与时俱进，适应时代与社会需求而做出的深刻转变。传统发展模式中的经济、社会、生态相脱节的现象带来了经济增长、社会公平、环境保护之间的对立，科学发展观要求对生产模式进行变革，消除这些分离和对立现象。新发展模式强调经济、社会、生态的整体性，强调公平正义和未来发展，要求人们澄清把物质财富的增加等同于发展的错误观念。在我国半个多世纪的发展中，我们采用的是西方工业化国家曾经和现在仍然实施的发展模式，以大量的自然资源与环境代价换取短暂的经济增长。我国之所以现在面临严重的生态危机，与以前对这种发展模式的选择是脱不了干系的。现在，我们选择科学的生态化发展模式，表明我们的发展不是黑色的发展而应该是绿色发展，我们的崛起不是黑色的崛起而应该是绿色的崛起。如果不改变发展道路，那么我们反对西方一些学者鼓噪的所谓"中国威胁论"和"黄祸论"的任何言辞都将是苍白无力的。没有哪一个地球可以容纳下像中国这样一个黑色国家，所以，我们必须要实现工业与城市的生态化转向，使它们与自然环境相耦合，使发展与环保"双赢"。

1. 把握好可持续消费与两型社会的关系

相对于生产活动来说，消费似乎处于一个比较次要的地位，这种认识有失偏颇。消费对于人类社会的发展，特别是对我国节约型社会建设有着重要影响。在某种意义上，西方发达国家的发展其实是消费主义大行其道，不断扩张的结果。在传统发展模式中，经济增长占据着主导地位，而为了保持经济的持续增长，必然要对消费提出更高要求，必然要想方设法刺激消费者的消费欲望。这样，人们考虑经济的发展不是从生产的可能性方面，而是从如何刺激消费需求方面，因此，对人们的消费需求和行为的刺激就成了促进经济发展的重要手段。从现代化的经济体系来讲，生产者要想实现利润的最大化，就要实现消费者效用的最大化，而这些都离不开消费需求这个经济发展的动力基础的保障。新产品在进入人们的消费视野之后，人们的消费内容就会相应地发生改变，新产品就成为人们生活中不可或缺的一部分。随着经济的不断发展，传统意义上的"基本需求"范围在不断扩大、不断深化。

人类的生存离不开消费，而人们的消费行为对生态环境产生着直接或间接的影响。可以说，人们的消费活动每时每刻都存在，每个人、每个地方都在发

生，是一种最普遍和最经常的行为。根据能量守恒定律，人们在进行消费活动时，也消耗着自然资源，污染着自然环境；虽然人们的消费体现出分散性特征，但这种分散行为的汇总后果却是大自然资源和环境的消耗，而正是这些看似零散的消费行为带来了严重的生态危机。受经济发展和不合理消费观念的引导，消费呈现出异化趋势。当人们不再为了生存而苦恼时，过度消费现象就会尾随而来，以至于社会上出现了以消费数量和方式来定位人的社会地位的情形。这时，人们追求的已经不是维持自身肉体需要的满足，而是变成了一种扭曲的精神满足，人们在"黄金宴"上吃的不是黄金，而是在吃虚荣心。生产力的快速发展使人们获得更加高级的产品和服务成为可能，但是也加速了自然资源的消耗速度与环境的污染程度。并且，高科技的发展加深了一些人的科学主义至上的信条，误以为只有人想不到的东西，没有科学技术办不到的事情，技术可以为生态危机找到最后和最好的出路，人们大可不必担心生态问题。当然，我们肯定这种科技乐观主义态度，它可以使人勇于面对困难和挑战，但是，它也使人们变得自私和盲目，反而在一定程度上不利于生态危机的解决。对传统消费模式的超越是科学发展的必然要求，也是生态文明建设的重要内容。我们正在致力于建设"两型社会"，而节约的源头首先体现在消费领域中人们消费行为的选择上，变传统的非持续性消费为可持续消费是实现"两型社会"的根本手段。所谓的可持续性消费，是指在人们的基本生存需求得到满足的前提下，在人们的生活水平和消费层次不断得到提高的前提下，适度控制人们对非必需品消费的需求；同时，适当提高非物质产品在人们消费中的比重，丰富人们的消费内容和消费方式。无论是资源节约型的消费，还是环境友好型的消费，都应该成为我们未来消费行为的首选。

2. 把握好全面协调可持续发展与生态文明实践建设的关系

只有在深刻把握可持续发展本质的基础上，我们才能有的放矢，制定出切实有效的可持续发展措施。可持续发展的目的是为了使人类赖以生存和发展的自然界能够健康发展，更好地为人类服务，而生物多样性、生态功能区的大小是生态系统稳定的表现，人类生存条件完备的象征，也是人类社会得以生存和发展的物质基础。生物多样性是自然界生态系统复杂的表现，是系统中物质流、能量流、信息流转换强度和效率的表现。也就是说，当自然界中的物种越来越多，食物链组成越来越复杂的时候，任何外来的干扰都会被弱化。所以，人们就把生态系统的稳定性形容为物种多样性的函数。这个函数是生态系统的规律性表现，也是人类活动必须要遵循的。而自然界生态功能区的大小也反映着人类活动对自然生态系统干扰的大小，它们之间是一种负相关的关系。但是，无论是生物多样性，还是生态功能区，它们在人口和经济活动的双重压力下，正在日益萎缩，成为威胁人类社会持续发展的重大问题。要想把这种威胁降低，有必要在环境保护方面采取全球性的合作与行动。可持续发展举措的制定和实施反映着对其本质的深刻理解和把握。当然，我们一方面要加强对濒危动植物、原始森林、自然湿地的保护；另一方面要加强对人工森林覆盖率、人工湿地覆盖率的重视，两手抓，两手都要硬，避免一手软、一手硬的情况发生。我们要保护濒危物种，但最根本的是要保护濒危物种的生存环境不被破坏。也就是说，要保护人类自身的生存环境的健康发展。大熊猫是珍稀动物，保护大熊猫不应把它放在温室里面，而应保护它们的栖息地。我们可以人工培育一些环境，但更根本的是人类在生产活动中对天然生态环境的珍惜。这一点大家都清楚，人工化的生态系统是不能够与天然生态系统相比的，也无法达到天然生态系统的功能。

在分析可持续发展时，我们特别要注意两个概念：需要和限制。"需要"指涉的是"现在"维度，是指对解决现实生活问题的紧迫性，特别是落后国家贫困人民的基本需要。可持续发展要求优先考虑发展中国家人们的基本生存需求，如衣食住行等。人们的基本需求不但要满足，而且还要有一定程度的提高。"一个充满贫困的不平等的世界将易发生生态和企图的危机。可持续的发展要求满足全体人民的基本需求和给全体人民机会以满足他们要求较好生活的愿望。""限制"指涉的是"未来"的维度，是指对技术和利益集团在利用自然环境来满足当前和未来需要时进行限制的做法。但是，限制的效果与影响力取决于人们是否以一种新的伦理思想作为行动指南。我们在增强物质基础、科学基础、技术基础的同时，也要指引人类心理的新价值观和人道主义愿望的形成。因为无论是知识还是仁慈，它们都是人类"永恒的真理"，是人性的基础。生态文明建设、可持续社会的发展离不开新的社会道德观念，科学观念和生态观念的影响，而这些思想观念的产生却是由未来人的新生活条件所决定的。也就是说，忽视了同代之间的公正性，不是社会可持续发展的本义；丢掉了未来社会的代际公平，也不是社会可持续发展的正确选择。

3. 把握好全面协调可持续发展与生态文明制度建设的关系

生态文明建设、社会可持续发展，既依靠人们对自然界所秉持的理念和行为原则的革新，以可持续发展理念为指导，以人、社会、自然之间的法律关系为内容，着力于人与人、人与自然之间关系的规范和调整，使制度也迈向"生态化"。

全面协调可持续发展的制度建设应该坚持以下几个原则。

第一，要坚持"自然生态系统"权益不容践踏的原则。传统法律及制度建设的目的是为了维护自然人、法人与国家的权益，而可持续发展的制度化建

设则把"自然生态系统"人格化，赋予它以权益，尊重并且承认这种权益，把权益的主体扩大到了人之外的自然万物。

第二，要坚持代际平等的原则。在满足当代人的生存和发展需求时，社会的生产与生活方式不应该危及后代人的生存和发展。国家应建立起维护代际平等的相应法律及其制度，包括对自然资源环境的拥有与使用的权利。我们不能够因为后代人所具有的虚无性特征，就置人类社会的可持续发展于不顾。选择那些可以为后代人谋利的个人及团体为代表，参与国家和地方相关政策的决策和实施是可行的解决方法。

第三，要坚持预先性原则。"事后诸葛亮"的做法尽管有利于经验与教训的总结，但是相对于环境问题来讲，却失去了它的积极意义。特别是对于影响比较大的工程项目规划及新产品推广更要注意，因为很多事情一旦发生，其损失是无法估计也无法挽回的，比如对生态系统的破坏就是如此。所以，我们应该学会"事前"调整，采取保全措施，中止可能的侵害行为，尽可能把不好的苗头消灭在萌芽状态。

第四，要坚持环境权的原则。环境权思想是指作为生态环境法律关系的主体，既享有健康和良好生活环境的权利，也享有合理利用自然资源的权利。"生态环境权所保护的范围包括各主体的健康权、优美环境享受权、日照权、安宁权、清洁空气权、清洁水权、观赏权等，还包括环境管理权、环境监督权、环境改善权等；权利主体包括个人、法人、团体、国家、全人类（包括尚未出生的后代人）；权利客体则包括自然环境要素（空气、水、阳光等）、人文环境要素（生活居住区环境等）、地球生态系统要素（臭氧层、湿地、水源地、森林、其他生命物种种群栖息地等）。"

可持续发展应该包括对全球性可持续发展的维护。在发展经济时，人们应该尽量避免由于科技和经济实力的差异带来的不公平的"生态殖民"现象，避免一些国家把其生产与贸易的外部性环境影响转嫁到他国的做法，避免大气、地下水等资源在使用上的"公有地悲剧"的发生，也避免对非再生资源的掠夺与毁灭性使用的代际不公平现象的发生。作为地球上的每一个国家，都应该享有全球性生态利益。作为最大的发展中国家，中国在面对影响全球生态环境问题时，丝毫没有退缩或避让，而是勇于担起责任，在维护地球生态和人类整体利益方面，发挥着重要作用。

（二）生态文明建设促进经济社会的全面协调可持续发展

生态文明重视人与自然关系和谐发展的重要性，特别指出了人的主观能动性的充分发挥在其中所起的作用。生态文明理念中的和谐是一种主动和谐，而不是被动和谐；是一种进取式的和谐而不是顺从式的和谐。在人的主观能动性的正确发挥中，实现着人类社会与自然之间的统一。人类与自然之间是一种相互依存的关系，人类的发展离不开自然，自然的发展也离不开人类。只有正确发挥人的主观能动性，才能够推进社会的发展，也才能推动自然的发展，人类的发展和自然的发展相互包含。对社会而言，以生态文明理念为指导的可持续发展，不但是经济的发展，更是作为整体的社会的综合发展；对自然而言，以生态文明理念为指导的可持续发展，不但要求自然资源的增加，更要求作为整体的自然生态系统的良性循环。

可持续发展应该以生态文明的伦理观为指导。把推动社会发展的关键局限于科学技术方面是狭隘的科技至上主义表现，工业文明虽然带来了社会的巨大进步，但也严重破坏了自然生态环境。科技革命的发展，信息技术的进步，非但不能拯救天空、大地、海洋于化学毒素污染的泥潭之中，反而有变本加厉的趋势；非但不能保护生物的多样性，反而在毁灭着地球上的一切生命，甚至是人类和人类文明自身。科学技术只是人们认识和改造自然的手段，人们在运用科学技术改善生态环境、加强物质建设的同时，更需要新的指导思想来指导人们的行动。生态文明的伦理精神在树立人们的生态意识与生态道德，舍弃非生态化的生活方式，推进绿色消费方面发挥着重要作用。美国前副总统戈尔认为，生态危机实际上是工业文明与生态系统之间的冲突，是人类道德危机严重性的表现。人类是自然界发展的产物，包括人的生产、生活在内，都离不开自然。可持续发展体现着自然资本、物质资本、人力资本的有机统一，其中，自然资本能否持续发展是可持续发展的物质基础和前提条件，离开了自然资本的持续发展，其他两个资本的发展都无从谈起。

生态文明是人类社会发展到一定历史阶段的产物，是社会进步的结果，人类文明发展的新表现，也是可持续发展的精神支柱。生态文明建设要求人们更加重视自然，同时形成生态化的伦理思想，对人类的行为进行一定约束。解决生态问题需要新的生态文明观的指导，这是可持续发展的关键之所在。特别是对发展中国家来说，更要关注生态环境，避免走西方国家的传统工业化模式的老路，绝对不可先污染，再治理。

二、可持续发展与"美丽中国梦"

党的十八大将生态文明建设作为推进经济社会可持续发展的基础和前提，强调将其贯穿于经济社会建设的全过程及各个环节。而中国梦则是将这一思路进一步具象化生动化，使之成为全民族、全社会共同追求的目标。可以说，中国梦是在总结前一阶段实践成就、分析存在问题的基础上提出的下一阶段的行

动规划和实施方案。在此意义上，全面深刻认识和理解中国梦必须立足国情、世情，把握好"可持续性"与"发展"两个维度：可持续是发展的根本目的，而只有实现全面稳健的发展才能为可持续提供坚实支撑，两者统一于"中国梦"。

所谓全面稳健发展，既是指保持不断发展的总体态势，也是指稳步健康发展。发展是硬道理。没有发展就没有社会的进步与人类的幸福。正如《中国21世纪议程——中国21世纪人口、环境与发展白皮书》中所指出的那样："对于像中国这样的发展中国家，可持续发展的前提是发展。为满足全体人民的基本需求和日益增长的物质文化需要，必须保持较快的经济增长速度，并逐步改善发展的质量，这是满足目前和将来中国人民需要和增强综合国力的一个主要途径。只有当经济增长率达到和保持一定的水平，才有可能不断消除贫困，人民的生活水平才会逐步提高，并且提供必要的能力和条件，支持可持续发展。"习近平在博鳌亚洲论坛2013年年会上发表演讲时指出："我们的奋斗目标是，到2020年国内生产总值和城乡居民人均收入在2010年的基础上翻一番，全面建成小康社会；到21世纪中叶建成富强民主文明和谐的社会主义现代化国家，实现中华民族伟大复兴的中国梦。"可见，实现中华民族伟大复兴的"中国梦"，必须建立在国家社会长足发展的基础上。所谓长足发展，简单地说就是长期保持稳健强劲的发展态势。中国是最大的发展中国家，经过近40年改革开放，国家经济、社会发展取得了辉煌成就，人民生活水平也得到了较大提高，但是所付出的环境代价也是巨大的。当前我们正处于工业化、城镇化和农业现代化加快发展、全面建成小康社会的关键阶段，随着人口、资源、环境等生产要素越来越难以支撑我国经济社会可持续发展的需要，长期以来过分依赖要素投入的经济增长模式必须向提高全要素生产率转变，即通过技术进步、改善体制和管理以更有效地配置资源，提高各种要素的使用效率，从而为经济增长和社会发展提供持久不衰的动力源泉。

实现社会与人在物质与精神层面的全面进步与可持续发展是中国梦的根本追求，但它必须建立在资源的可持续利用和良好的生态环境基础上。因此我们必须处理好发展与保护的关系，坚持在发展中保护，在保护中发展，以发展支撑保护。具体到中国梦的实现来说，就是必须坚持在发展的过程中不断推动科技进步，使科技更好地发挥其因势利导的作用；在发展的过程中不断转换思维方式，加快经济发展方式变革；在发展的过程中不断强化国家社会管理功能，推进和完善生态立法与监督；在发展的过程中不断提高人们的思想素质，促进生活方式的环保化、健康化。唯其如此，才能实现发展的可持续性，同时确保生态安全。

以发展促环保的思路是实现我国可持续发展的必然选择，但关键在于如何才能确保发展与环保相协调。回顾和分析我国社会主义建设过程当中出现的发展与环保不协调甚至相对抗的现象，我们从中能够发现一些带有根本性的问题。其一，发展观念方面存在的问题。新中国成立以后，在特殊的国内外形势逼迫下，我们不得不采取相对封闭的发展思路，在坚持独立自主、自力更生的同时过分夸大了人的主观能动性的作用，而对于社会主义本质及发展阶段等问题的认识不清又滋生了急于求成思想。改革开放以后，为了尽快夺回政治运动造成的经济社会发展损失，国家把工作重点以阶级斗争为中心调整到以经济建设为中心，这本身当然是正确的，但一切工作都围绕这个中心，服务于这个中心，就导致了唯 GDP 至上的情形的出现，其结果必然是社会结构的整体失衡，并进一步引发了整个社会发展观念上的利益导向，使得人们忽视甚至无视环保问题。在有利于 GDP 增长的急功近利的价值观念指导之下，包括环境在内的社会生活的许多方面都付出了沉重的代价。其二，发展方式方面的问题。观念决定方式的选择。新中国成立以后，为了能够在千疮百孔、一穷二白的基础上加快建设新国家，发展社会主义事业，我们一方面极尽地力，深度发掘可利用的自然资源和生态资源；另一方面由于相对落后的生产技术与生产方式，加之制度缺位、管理不力，结果不仅造成大量人、财、物力的浪费，而且还制造了大量的环境污染，导致许多地方生态环境的严重破坏。改革开放以后，我国开始探索建立社会主义市场经济体制，同时加快转变经济发展方式，但是在缺乏先例可循、市场调节机制尚不完善、社会法治尚不健全的情况下，经济发展造成的环境侵害现象仍然屡禁不止。

因此，实践科学发展、构筑美丽中国梦，首要地就是必须克服以上错误思维方式、发展方式的干扰。正如温家宝在第六次全国环保大会上指出的，要从"重经济增长、轻环境保护"转变为"保护环境与经济增长并重"，在保护环境中求发展；要从环境保护滞后于经济发展转变为环境保护和经济发展同步，努力做到不欠新账，多还旧账；要从主要用行政办法保护环境转变为综合运用法律、经济、技术和必要的行政办法解决环境问题。总之，必须彻底摆脱"先发展后治理"的思维模式，坚持正确的发展原则不动摇，不浮躁短视急功近利，不结构失衡跛足前行，要在全社会形成合力，共同、稳步推进具有环保意义的经济社会与人的全面发展。这正是中国梦的核心内容。

第三节　生态文明地位与美丽中国建设

一、生态文明建设的重要性和必要性

建设生态文明，是关系人民福祉、关乎民族未来的长远大计，是全面建成小康社会、"两个一百年"奋斗目标和中华民族伟大复兴中国梦的时代抉择，是积极应对气候变化、维护全球生态安全的重大举措。建设生态文明符合中国国情，顺应时代要求，是自然生态和社会经济发展的客观规律的要求，是解决我国资源短缺、资源供需矛盾的最根本、最有效的根本途径，是贯彻保护环境和节约资源基本国策的战略措施和具体方式；是坚持和落实科学发展观、人与自然和谐相处观、实现可持续发展的必然要求；是加快转变经济发展方式、提高发展质量和效益的内在要求，是对不可持续的生产关系、生产方式和消费方式的变革，是一场创新组织机构、法律制度的新型革命建设；是当前和今后我国社会发展的客观需要、必然选择和必经之途。大力推进生态文明建设是一项功在当代、福泽后世的伟大事业；是引领中国经济社会与环境保护协调发展的新型道路，是为中国这艘巨舰树立的新的航标，是开启中国复兴之门、未来之门的金钥匙，是一幅生产发展、生活富裕、生态良好的美好画卷。党和国家将生态文明建设摆在"五位一体总体布局"中的突出地位，将大大加快中国破解发展中的环境问题的探索进程，引领中国开辟"五位一体"和"五型社会"建设的全面协调持续发展的新道路，对中国的复兴具有里程碑的意义。全国人民只有充分认识加快推进生态文明建设的极端重要性和紧迫性，切实增强责任感和使命感，才能积极行动、深入持久地推进生态文明建设，加快形成人与自然和谐发展的现代化建设新格局，开创社会主义生态文明新时代。

（一）建设生态文明是中国社会发展的客观需要和必然选择

生态文明是人类历经几千年的农业文明和工业文明后，在认真总结人与自然关系的经验与教训基础上，经过反复思索和实践形成的一种新的文明观，是继承工业文明、超越工业文明的一种新的文明形态，是对人类文明发展进程的最新探索和人类智慧的结晶。生态文明吸收了当代生态环保运动、可持续发展运动的先进理念、思想、成果和优点，是生态运动和可持续发展战略的道德伦理基础，是建设和谐社会、环境友好社会和资源节约型社会的先进文明形态。

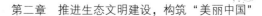

生态文明代表着人类文明的发展方向，生态文明建设的提出既是文明形态的进步，又是社会制度的完善；既是价值观念的提升，又是生产生活方式的转变；既是中国环境保护新道路的目标指向，又是人类文明进程的有益尝试。

　　生态文明是人类经济社会发展的客观需要，中国人民经过近一百年的艰苦奋斗，才逐步进入一个建设以生态文明为旗帜的"五型社会"的新阶段。中国政府早在 20 世纪 90 年代中期，就开始提及生态文明，开始建设生态城市的探索。1999 年，时任国务院副总理的温家宝说，"21 世纪将是一个生态文明的世纪。"①2003 年中国共产党第十六届三中全会提出了科学发展观，同年 3 月 9 日，中共中央总书记胡锦涛在中央人口资源环境工作座谈会上的讲话强调，"促进人与自然的和谐，推动整个社会走上生产发展、生活富裕、生态良好的文明发展道路"；接着，《中共中央国务院关于加快林业发展的决定》（2003 年 6 月 25 日）提出了"确立以生态建设为主的林业可持续发展道路，建立以森林植被为主体、林草结合的国土生态安全体系，建设山川秀美的生态文明社会"的指导思想。在 2005 年 3 月 12 日召开的人口资源环境工作座谈会上，胡锦涛提出了"在全社会大力进行生态文明教育"的任务；接着，《国务院关于落实科学发展观加强环境保护的决定》（国务院 2005 年 12 月 3 日）明确要求："发展循环经济，倡导生态文明，强化环境法治，完善监管体制，建立长效机制，建设资源节约型和环境友好型社会。"2007 年 10 月 15 日，胡锦涛在"十七大"报告中提出了"建设生态文明"和"生态文明观念在全社会牢固树立"的目标，表明中国共产党的领导人已经将环境保护从行为实践提高到文化、理论和伦理的高度。

　　2012 年 11 月 8 日，胡锦涛同志在中国共产党第十八次全国代表大会上的报告（简称党的十八大报告）首次设单篇、用 7 个自然段、1 361 个字论述生态文明。在该报告中，"生态"这个词共出现 39 次，"生态文明"出现 15 次，"生态文明建设"出现 7 次（其中生态这个词共出现 39 次，生态文明建设出现 7 次，含有"生态"二字的术语和专门用词多达 29 个，如生态、生态环境、海洋生态环境、生态环境保护、生态环境恶化、生态系统、自然生态系统、生态系统稳定性、生态系统退化、生态良好、生态价值、生态效益、生态安全、生态安全格局、生态空间、生态产品、生态产品生产能力、生态修复、生态补偿、生态补偿制度、生态环境保护责任追究制度、生态文明、生态文明建设、生态文明理念、生态文明制度、生态意识、生态文明宣传教育、爱护生态环境的良好风气、生态文明新时代等。该报告还使用了大量与"生态""生

_____

①　李振忠．生态文明勾画中华美丽的家园图景［N］．中国网，2007-10-15．

态文明"建设相关的术语和用词，如"自然"这个词共出现 10 次（包括自然、自然灾害、自然恢复、自然生态系统等术语）；"环境"这个词共出现 33 次，其中属于环境保护法中的天然的环境和经过人工改造的环境的词有 24 个，如环境保护、资源环境、生态环境、环境友好型社会、人居环境、生态环境保护、环境污染、生态环境恶化、良好生产生活环境、海洋生态环境、良好生态环境、环境问题、环境损害、环境保护制度、环境监管、环境损害赔偿、生态环境保护责任追究制度、环境损害赔偿制度、环保意识等），属于社会环境的词有 9 个。另外，与生态文明建设有关的内容更多。把生态文明建设摆在总体布局、五位一体和突出地位的高度来论述，中国共产党对实现中华民族伟大复兴和中国特色社会主义总体布局认识的深化。

在《中国共产党章程》（中国共产党第十七次全国代表大会部分修改，2007 年 10 月 21 日通过）中，没有提到"生态"一词，仅仅分别一次提到"人与自然和谐发展""建设资源节约型、环境友好型社会"。《中国共产党章程》（中国共产党第十八次全国代表大会部分修改，2012 年 11 月 14 日通过）首次在总纲中用一个自然段、182 个字论述生态文明，首次专门强调"生态文明""生态文明建设""生态文明理念"和"生态良好的文明发展道路"。该党章强调，"必须按照中国特色社会主义事业总体布局，全面推进经济建设、政治建设、文化建设、社会建设、生态文明建设"；"中国共产党领导人民建设社会主义生态文明。树立尊重自然、顺应自然、保护自然的生态文明理念，坚持节约资源和保护环境的基本国策，坚持节约优先、保护优先、自然恢复为主的方针，坚持生产发展、生活富裕、生态良好的文明发展道路。着力建设资源节约型、环境友好型社会，形成节约资源和保护环境的空间格局、产业结构、生产方式、生活方式，为人民创造良好生产生活环境，实现中华民族永续发展。"党章是党的根本纲领和党内"大法"，党章的上述规定既阐明了建设社会主义生态文明的总要求和指导原则，又阐明了生态文明建设的主要着力点，有利于全党同志把生态文明建设融入经济建设、政治建设、文化建设、社会建设各方面和全过程。

从某种意义上可以认为，党的十八大报告是中国共产党第一个全面、详细阐明生态文明的绿色纲领，党的十八大通过的《中国共产党章程》是一个具有绿党特征的党章，这表明中国共产党虽然不是"绿党"，却吸收了"绿党"在大力促进生态社会主义建设方面的有益经验和教训。党的十八大和党章把生态文明建设摆在总体布局、五位一体和突出地位的高度，表明中国共产党对中国复兴的战略思想和中国特色社会主义总体布局认识的深化，是中国共产党新时期执政理念的提升，是创造性地回答怎样实现我国经济社会与资源环境可持续发展问题所取得的最新理论成果，是中国应对环境资源生态问题挑战的伟大创举和战略抉择，彰显出中华民族对子孙后代、对世界和地球村负责的精神。大力推进生态文明建设是一项功在当代、福泽后世的伟大事业；是引领中国开辟"五位一体"（指经济建设、政治建设、文化建设、社会建设和生态文明建设）和"五型社会"（指环境友好型社会、资源节约型社会、绿色经济型社会、和谐社会和生态文明社会）建设的全面协调持续发展的新道路，对中华民族的复兴具有里程碑的意义。

《中共中央关于制定国民经济和社会发展第十三个五年规划的建议》（2015年10月），已经将"加强生态文明建设"纳入第十三个五年规划（2016年到2020年），并将其作为"十三五规划"十个重点领域之一。

（二）建设生态文明是实现科学发展、可持续发展和人的全面发展的必经之途

在全部文明体系中，生态文明是物质文明、政治文明和精神文明的基础，是科学发展、可持续发展和人的全面发展的前提条件之一。建设生态文明是实现科学发展、可持续发展和人的全面发展的必经之途，是坚持和贯彻科学发展观的需要。

科学发展首先强调的是发展，这里的发展应该包括经济、社会、政治、文化和生态的发展，而不仅仅是经济发展或经济增长即GDP增长。在科学发展观看来，经济发展是硬道理硬指标，环境保护也是硬道理硬指标。那种不问时间、地点和情况变化，机械地、教条地将经济发展特别是GDP增长作为"优先"和"中心"的观念和政策是错误的。《国务院关于落实科学发展观加强环境保护的决定》（2005年）已经提出了"在环境容量有限、自然资源供给不足而经济相对发达的地区实行优化开发，坚持环境优先"的决策。江苏省党委和政府已经确定环保优先的方针，江苏省于2007年11月颁布的《江苏省海洋环境保护条例》已增加"坚持环保优先"的方针。广东省党委和政府也对珠江三角州地区提出了"环保优先"的方针。《贵阳市建设循环经济生态城市条例》（2004年）第2条规定，在建设循环经济生态城市时，实行"以人为本、环境优先的原则"。《中华人民共和国环境保护法》（1989年12月26日第七届全国人民代表大会常务委员会第十一次会议通过，2014年4月24日第十二届全国人民代表大会常务委员会第八次会议修订，于2015年1月1日起施行；笔者在后面引用中华人民共和国法律法规时，省去"中华人民共和国"七个字）明确规定，"环境保护坚持保护优先"的原则（第五条）。《中共中央国务院关于加快推进生态文明建设的意见》（2015年4月25日）进一步明

确规定，"坚持把节约优先、保护优先、自然恢复为主作为基本方针。在资源开发与节约中，把节约放在优先位置，以最少的资源消耗支撑经济社会持续发展；在环境保护与发展中，把保护放在优先位置，在发展中保护、在保护中发展；在生态建设与修复中，以自然恢复为主，与人工修复相结合。"

科学发展强调全面稳健发展。既是指保持不断发展的总体态势，也是指稳步健康发展。发展是硬道理。没有发展就没有社会的进步与人类的幸福。正如《中国 21 世纪议程——中国 21 世纪人口、环境与发展白皮书》中所指出的那样："对于像中国这样的发展中国家，可持续发展的前提是发展。为满足全体人民的基本需求和日益增长的物质文化需要，必须保持较快的经济增长速度，并逐步改善发展的质量，这是满足目前和将来中国人民需要和增强综合国力的一个主要途径。只有当经济增长率达到和保持一定的水平，才有可能不断消除贫困，人民的生活水平才会逐步提高，并且提供必要的能力和条件，支持可持续发展。"习近平在博鳌亚洲论坛 2013 年年会上发表演讲时指出："我们的奋斗目标是，到 2020 年国内生产总值和城乡居民人均收入在 2010 年的基础上翻一番，全面建成小康社会；到 21 世纪中叶建成富强民主文明和谐的社会主义现代化国家，实现中华民族伟大复兴的中国梦。"可见，实现中华民族伟大复兴的"中国梦"，必须建立在国家社会长足发展的基础上。所谓长足发展，简单地说就是长期保持稳健强劲的发展态势。中国是最大的发展中国家，经过近 40 年的改革开放，国家经济、社会发展取得了辉煌成就。人民生活水平也得到了较大提高，但是所付出的环境代价也是巨大的。当前我们正处于工业化、城镇化和农业现代化加快发展、全面建成小康社会的关键阶段，随着人口、资源、环境等生产要素越来越难以支撑我国经济社会可持续发展的需要，长期以来过分依赖要素投入的经济增长模式必须向提高全要素生产率转变，即通过技术进步、改善体制和管理以更有效地配置资源，提高各种要素的使用效率，从而为经济增长和社会发展提供持久不衰的动力源泉。

实现社会与人在物质与精神层面的全面进步与可持续发展是中国梦的根本追求，但它必须建立在资源的可持续利用和良好的生态环境基础上。因此我们必须处理好发展与保护的关系，坚持在发展中保护，在保护中发展，以发展支撑保护。具体到中国梦的实现来说，就是必须坚持在发展的过程中不断推动科技进步，使科技更好地发挥其因势利导的作用；在发展的过程中不断转换思维方式，加快经济发展方式变革；在发展的过程中不断强化国家社会管理功能，推进和完善生态立法与监督；在发展的过程中不断提高人们的思想素质，促进生活方式的环保化、健康化。唯其如此，才能实现发展的可持续性，同时确保生态安全。

全面、加快和突出生态文明建设，对于科学发展、全面发展、协调发展、可持续发展，具有重要的意义和作用。建设生态文明是科学发展观的基本要求之一，生态文明体现了科学发展观的重要内涵：强调"以人为本"，要求以生态人理性发展生态文明；强调"以自然为根"，要求将环境生态作为人与社会经济发展的根本基础；落实"以人与自然和谐、人与人和谐为魂"，要求按照自然生态规律和经济社会规律进行科学发展；重视全面协调发展，要求全面推进经济、政治、文化、社会、生态等各个方面的发展，并使之相互协调。总之，只有全面、加快和突出生态文明建设，才能实现我国经济、社会、政治、文化和环境的科学发展。

（三）生态环境、生态安全及人与自然关系的重要性，决定了建设生态文明的重要性

1. 环境生态的重要性，决定了建设生态文明的重要地位

生态文明的基础是人类赖以生存发展的物质基础（包括生态系统、自然环境和自然资源）和自然生态规律。生态环境和自然资源是人类生存发展的物质基础和基本条件，是经济、社会发展的物质源泉，是工农业生产等各种生产活动和经济建设的原料、能源和动力，是最宝贵的物质财富。环境生态是人和社会持续发展的根本基础，国土是生态文明建设的空间载体。环境生态的重要性可以用"以自然为根"来概括。关于"以自然为根"，我们可以从如下几个方面加强理解。我国春秋时代的思想家管仲认为，"地者，万物之本原也，诸生之根菀也"（《管子·下篇·水地》）"地者，政之本也"（《管子·乘马》）"是以水者，万物之准也，诸生之淡也，违非得失之质也"（水是万物的根据，一切生命的中心，一切是非得失的基础），"人，水也"（人也是水生成的），"水，具材也"（水是具备一切的东西），"具者何也，水是也。万物莫不以生"（什么东西是具备一切的东西？水就是具备一切的东西。万物没有不靠水生存的），"水者何也？万物之本原也，诸生之宗室也"（水是什么？水是万物的本原，是一切生命的植根之处）（以上引自《管子·下篇·水地》）；"夫民之所主，衣与食也。食之所生，水与土也"（《管子·禁藏篇》）。古希腊米利都学派的泰勒斯（Thales，约前624—约前547，古希腊第一个哲学家，米利都学派创始人）认为，"万物的本原是水"，"万物来自水，又复归于水"。古希腊米利都学派的阿那克西·米尼（Anaxi mene，约前588—约前525，古希腊米利都学派唯物主义哲学家）认为："气"是世界的本原，"气的凝聚和稀释造成万物。"马克思认为，"土地（指地上地下资源）是一切生产和一切存在的源泉"；他还引用威廉·配第的话说，"劳动是财富之父，土地（指一

切自然资源）是财富之母"。马克思指出，"人本身是自然界的产物，是在他们的环境中并且和这个环境一起发展起来的"，① "人靠自然界生活"，"人是自然界的一部分"，② 自然是"人的存在的基础"③。法国作家加里在《天根》一书中指出，"大自然是人类生存之根，是所有生命的根"。党的十八大报告强调"良好生态环境是人和社会持续发展的根本基础"。《中央国务院关于加快水利改革发展的决定》（2010 年 12 月 31 日）强调，"水是生命之源、生产之要、生态之基。"2002 年，时任国家主席的江泽民在全球环境基金第二届成员国大会上的讲话指出："人类是自然之子。"2004 年，时任中共中央总书记的胡锦涛认为，"良好的生态环境是社会生产力持续发展和人们生存质量不断提高的物质基础"，"自然是包括人在内的一切生物的摇篮，是人类赖以生存和发展的基本条件"。习近平总书记强调，"山水林田湖是一个生命共同体，人的命脉在田"。时任国家环境保护部部长的周生贤指出，"良好的生态环境是生存之本、发展之基、健康之源。"自然生态系统是人类赖以生存和发展的基础，自然生态系统遭到破坏，人类生存发展就成了无源之水、无本之木。从某种意义上可以认为，"以自然为根"是生态文明的基本理念，也说明了生态文明建设的极端重要性和根本性。

2. 生态安全的重要性，决定了建设生态文明的重要地位

生态安全，是指人类生态系统的生存和完整性处于一种不受污染和破坏威胁的安全状态，或者说生态安全是指人类及其环境的生存和完整都处于一种不受环境污染和生态破坏危害的安全状态。生态安全既反映环境安全也反映人类安全，它表示自然生态环境和人类生态意义上的生存和发展的安全程度和风险大小。生态安全是科学发展观、可持续发展观的一项重要内容。科学发展、可持续发展要求满足全体人民的基本需要，而维护生态安全正是人们的一种基本需要。经济危机是短暂的，而生态危机则是长期的。一旦形成大范围不可逆转的生态破坏，民族生存就会受到根本威胁。

1996 年 7 月 16 日，江泽民"在第四次全国环境保护会议上的讲话"中指出："历史的经验告诉我们，为了确保环境的安全，必须实行污染物排放总量的控制。"④ 早在 2003 年 6 月 25 日，《中共中央国务院关于加快林业发展的决定》就提出了"确立以生态建设为主的林业可持续发展道路，建立以森林植

---

① 马克思恩格斯选集（第 3 卷）[C]. 北京：人民出版社，2012，第 75 页.
② 马克思恩格斯全集（第 42 卷）[C]. 北京：人民出版社，1979，第 95 页.
③ 马克思恩格斯全集（第 42 卷）[C]. 北京：人民出版社，1979，第 122 页.
④ 国家环保局. 第四次全国环境保护会议文件 [M]. 北京：中国环境科学出版社，1996，第 3~5页.

被为主体、林草结合的国土生态安全体系，建设山川秀美的生态文明社会"的指导思想。习近平也强调指出，划定并严守生态红线，构建科学合理的城镇化推进格局、农业发展格局、生态安全格局，保障国家和区域生态安全，提高生态服务功能。要牢固树立生态红线的观念。《中共中央国务院关于加快推进生态文明建设的意见》（2015 年 4 月 25 日）认为"加快推进生态文明建设是……积极应对气候变化、维护全球生态安全的重大举措"，要求"加快生态安全屏障建设"，形成"生态安全战略格局"，"促进全球生态安全"。《中共中央国务院印发（生态文明体制改革总体方案）》（《光明日报》2015 年 9 月 22 日 2 版）将"保障国家生态安全"作为"生态文明体制改革的指导思想"的重要内容。

生态是人类生存的家园和方式，人是人类生态系统的最重要的成员。一个结构完整、功能齐全、处于动态平衡和良性循环的生态系统，是人类生存发展的基本保障。建设生态文明就是为了维护生态平衡、促进生态系统良性循环、保障生态安全。生态安全的重要性，决定了生态文明建设的重要性。生态文明建设就是构建、维护国家生态安全屏障的建设活动，只有全面促进生态文明建设，加强环境安全或生态安全法制建设，防治生态安全问题及环境污染和环境破坏，才能使我国人民获得一个安全舒适、安居乐业的生活环境，一个富于生产多样性、生态良性循环的生态环境，一个环境适宜、资源充足的生产建设环境。

3. 人与自然关系的重要性，决定了建设生态文明的重要地位

人与自然关系是任何社会都存在的基本矛盾、基本关系和基本问题，是人类面临的永恒主题。每一个人从其出生到死亡都与大自然保持着生态联系，不但人体外部存在着一个生态系统（人的外部自然环境是一个生态系统），人体内部存在着一个生态系统（人体内部是一个生态系统），而且人体内外共同形成一个生态系统，人类与其自然环境也构成一个生态系统。人本身就是地球生态圈（人类生态系统）中的一个组成部分，人只是人类生态系统或生物链中的一个环节。马克思主义认为："人靠自然界生活"，"人是自然界的一部分"；[①] 自然界是人生存发展的基本条件，人"不仅生活在自然界中，而且也生活在人类社会中"[②]，"归根到底，自然和历史是我们在其中生存、活动并表现自己的那个环境的两个组成部分"[③]。马克思把"人类历史的第一个前提"

① 马克思恩格斯全集（第 42 卷）[C]. 北京：人民出版社，1979，第 95 页.
② 马克思恩格斯选集（第 4 卷）[C]. 北京：人民出版社，1972，第 226 页.
③ 马克思恩格斯全集（第 39 卷）[C]. 北京：人民出版社，1974，第 64 页.

确定为"有生命的个人的存在"和"他们与自然界的关系"①。马克思明确指出：人与自然的作用"表现为双重关系：一方面是自然关系，另一方面是社会关系"②；"历史可以从两个方面来考察，可以把它划分为自然史和人类史。这两方面是密切相联的；只要有人存在，自然史和人类史就彼此相互制约"③；"历史的每一阶段都遇到有一定的物质结果、一定数量的生产力总和，人和自然以及人与人之间在历史上形成的关系"④。马克思在《一八八四年经济学哲学手稿》中揭示，人是社会关系的总和与自然关系总和的统一，"社会是人同自然界的完成了的本质的统一，是自然界的真正复活，是人的实现了的自然主义和自然界的实现了的人道主义。"⑤ 马克思主义的创始人把"人类整个进步"及"我们这个世纪面临的大变更"，即他心目中所追求的人与人的关系和人与自然的关系的主要内容，理解为"人类同自然的和解以及人类本身的和解"⑥即人与自然的和谐及人与人的和谐这两个方面。在马克思主义唯物论中，"人与自然之间"的关系表现为生产力，而"人与人之间"的关系则表现为生产关系。生产力决定生产关系的历史唯物主义理论决定了现代生态学的基本原则，即"人与自然之间"的关系决定"人与人之间"的关系，而"人与人之间"的关系又反作用于"人与自然之间"的关系。

人与自然关系的重要性可以用"以人与自然和谐为魂"来概括。每一个具体的人、个体的人，既与其他人发生联系，也与自然（包括环境资源）发生联系；人的本质是人与人的关系和人与自然的关系即人的社会性和自然性的统一；适当的人与人的关系和人与自然的关系，是实现人的全面发展和可持续发展的条件、基础。每个人只能通过自身与其他人的关系和自身与自然（环境资源）的关系求生存、求发展、求利益、求幸福。人的一切行为的目的是追求最大的效益（包括经济社会效益和生态效益），只有和谐的人与人的关系、和谐的人与自然的关系才能提供最大的效益。2002 年 11 月 8 日，党的十六大报告《全面建设小康社会，开创中国特色社会主义事业新局面》提出了全面建设小康社会目标的要求，其中包括"促进人与自然的和谐，推动整个社会走上生产发展、生活富裕、生态良好的文明发展道路"。

2003 年中国共产党第十六届三中全会提出了科学发展观，胡锦涛在阐明科学发展

① 马克思恩格斯选集（第 1 卷）[C]. 北京：人民出版社，1972，第 24 页.
② 马克思恩格斯选集（第 1 卷）[C]. 北京：人民出版社，1972，第 34 页.
③ 马克思恩格斯全集（第 3 卷）[C]. 北京：人民出版社，1965，第 20 页.
④ 马克思恩格斯选集（第 1 卷）[C]. 北京：人民出版社，1972，第 43 页.
⑤ 马克思恩格斯全集（第 42 卷）[C]. 北京：人民出版社，1979，第 122 页.
⑥ 马克思恩格斯全集（第 1 卷）[C]. 北京：人民出版社，1956，第 603 页.

观时指出，"协调发展，就是要……统筹人与自然和谐发展……可持续发展，就是要促进人与自然的和谐，实现经济发展和人口、资源、环境相协调"，"要牢固树立人与自然相和谐的观念"。《国务院关于落实科学发展观加强环境保护的决定》（2005 年 12 月 3 日）强调，"以促进人与自然和谐为重点，强化生态保护"。《中共中央国务院关于加快推进生态文明建设的意见》（2015 年 4 月 25 日）要求，"加快形成人与自然和谐发展的现代化建设新格局"。《中共中央国务院印发（生态文明体制改革总体方案）》（《光明日报》2015 年 9 月 22 日 2 版）将"以正确处理人与自然关系为核心""推动形成人与自然和谐发展的现代化建设新格局"，作为"生态文明体制改革的指导思想"的重要内容。人与自然的和谐必然促进人与人的和谐，包括人与社会的和谐。2005 年，时任国家主席的胡锦涛指出："大量事实表明，人与自然的关系不和谐，往往会影响人与人的关系、人与社会的关系。如果生态环境受到严重破坏、人们的生产生活环境恶化，如果资源能源供应高度紧张、经济发展与资源能源矛盾尖锐，人与人的和谐、人与社会的和谐是难以实现的。"2012 年，时任环境保护部部长的周生贤也认为："人与人的社会和谐依赖于人与自然的和谐。人类社会系统与自然生态系统的协调发展、和谐共处、互惠共存，有利于推动建成和谐社会人人共享的美丽中国。"人与自然关系和人与自然和谐的重要性，决定了建设生态文明的重要性。建设生态文明就是建设和谐的人与自然关系、和谐的人与人的关系。只有通过建设生态文明，才能实现人与人的和谐相处和人与自然的和谐发展。

二、生态文明与美丽中国梦的实现

党的十八大报告论述推进生态文明，明确提出建设美丽中国，为中国未来描绘了让人民期待的画面。这个新的提法，是党中央提出新的奋斗目标，并写进了新修改党章，这既指出了生态文明建设的方向，又描绘了人民群众直接感受到殷切期盼的图景。努力建设美丽中国，实现中华民族的复兴，才能实现中华民族的发展梦、强国梦和富民梦。

党的十八大报告中特别强调："把生态文明建设放在突出地位，融入经济建设、政治建设、文化建设、社会建设各方面和全过程。"改善生态环境是建设美丽中国，同心共筑中国梦的重要任务。而提升生态文明意识，推进生态文明进程的重中之重，只要我们共同努力，美丽中国梦就一定会实现。

党的十八大提出的生态文明建设与经济建设、政治建设、文化建设、社会建设并列，由过去提法"四位一体"提升到"五位一体"，过去为 GDP 增长，以牺牲环保为代价的做法，不能再继续下去了，推进生态文明建设，是关系人

民福祉，关乎民族未来的长远大计和永续发展。生态文明建设纳入国家战略，是整个文明形态的递进和丰富，生态文明建设与其他建设一样，是着眼于全面建成小康社会，实现社会主义现代化和中华民族伟大复兴的有力保证。

（一）生态文明建设是中华民族实现伟大复兴的重要内涵

当前，我们面临着全面建成小康社会的历史重任。这是实现中华民族伟大复兴的一个重要阶段和关键时期。全面建成小康社会，生产发展、生活富裕、生态良好都是非常重要的目标。但无论是生产的进一步发展，还是人民生活水平的进一步提高，或者是良好的生态环境的形成，都需要我们进一步加强生态文明建设。从进一步发展经济的角度来看，经过改革开放30多年的快速发展，传统的经济增长方式和发展模式在创造高速增长的经济奇迹的同时，也对生态环境造成了严重的损害。自然资源枯竭、环境污染，使经济可持续发展遭遇资源环境瓶颈。1978—2003年，中国经济年均增长9.4%。但是，在实现经济高速增长的同时，我们也付出了生态环境持续恶化的沉重代价。有限的自然资源条件以及严重的浪费、污染和破坏，使得关系国计民生的重要战略性资源提前面临枯竭、耗尽的命运，比如土地资源的严重退化、水资源的短缺和严重污染、某些矿产资源的耗竭等。这些因素已成为中国经济快速发展的重大制约因素。美国兰德公司提出影响中国经济增长可持续性的八大瓶颈之一就是缺水和污染，它们对增长率的负面影响达到1.5%~1.9%，高于能源价格上涨和外商投资下降的影响。经济合作与发展组织（OECD）的中国研究报告认为，水的低质量和低效率构成中国发展的重大挑战。

因此，如果没有生态文明的观念、制度或规则，没有生态理性而继续推崇"经济理性""GDP至上"，那么就正如生态社会主义者所描述的"生产就是破坏"。如果经济的可持续发展难以为继，没有强大的经济基础和物质文明，那么民族的复兴如何实现呢？实现中华民族的伟大复兴，意味着广大人民群众的物质文化生活水平的不断提高。而人民的物质文化需求是随着时代的变化而不断变化的。在当今，良好的生产、生活环境，能喝上干净的水、呼吸上新鲜的空气、吃上无污染的安全的生态食品，都是人民的新要求、新期盼。这既是实现中华民族伟大复兴必不可少的条件，其本身也构成了民族复兴的内涵。

生态文明建设是一个系统工程，要"融入经济建设、政治建设、文化建设、社会建设各方面和全过程"，在"空间格局、产业结构、生产方式、生活方式"多层次多领域，实现"人口资源环境相均衡、经济社会生态效益相统一"的根本变革，实现人与自然、环境与经济、人与社会的和谐发展。实现这样的发展，需要建立循环经济发展模式，这是适应生态文明建设需要的发展模式。和我们传统的经济发展模式和增长方式有根本的不同，循环经济是一种用生态学规律来指导人类社会发展的经济活动，它是建立在物质不断循环利用基础上的新型经济发展模式。它以资源的高效利用和循环利用为核心，以"减量化、再利用、资源化"为原则，以低消耗、低排放、高效率为基本特征，是对"大量生产、大量消费、大量废弃"的传统增长模式的根本变革。循环经济的发展模式，既是生态文明建设的关键和根本，同时，也从根本上缓解或解决了当前我国资源环境约束不断增强的现实问题，成为实现可持续发展的必然选择。

（二）推进生态文明建设，才能美梦成真

追寻现代美丽中国，是中国梦，也是人民的梦，中国梦不只是富裕梦，更应是一个幸福梦。推进生态文明，建设美丽中国，要想美梦成真，需要在以下几个方面多加努力。

一是要有山清水秀的自然之美，神州大地，山川相连，蓝天白云，在希望的田野上，麦浪铺金，稻花飘香，梯田层层绿，歌声阵阵传，呈现一片美好农家乐土，要使大好河山青翠壮美，必须加大生态保护力度，提高生态治理水平。

二要有宜居环境之美，随着中国特色社会主义事业发展，小康社会的逐步建成，中国必走加大城镇化建设之路，人们都希望自己的生活空间宜居、舒适度高，街道小区整洁，出行交通便捷，工厂不冒黑烟，污水不再横流，空气减少雾霾，商贸经营有序，食品清洁卫生，社会管理到位。因此，未来要做到优化国土空间格局，合理规划，科学发展，创新制度，增强环境意识，生态意识，摒弃环境污染，破坏生态的种种行为，给子孙后代留下天蓝、地绿、水净的美好家园。

三是要有人文素质的心灵之美，大力建设和谐社会，培养崇尚美德，学习雷锋精神，倡导帮困济贫，见义勇为，救死扶伤，大爱无疆，形成我为人人、人人为我、尊老爱幼、乐于奉献的社会风气，大力表彰宣扬那些舍己为人做好事先进典型，如最美工人农民、最美军人警察、最美教师学生、最美医生护士等英雄模范人物，把全社会的道德风气提高到新的水平，使中国成为富强民主、文明和谐、公平正义、平等自由、爱岗敬业、尊严生活、诚信友善、山清水秀、天蓝地绿的美丽国家，这样中国特色社会主义将会更加丰满立体，中国人民就会更加幸福，更加舒畅，更加美满。

（三）推进生态文明，建设美丽中国，是一个长期的系统工程

党中央提出推进生态文明，建设美丽中国，是个宏伟理想目标，是一个长期的系统工程，也是一个充满希望与艰辛的发展过程，其内涵丰富多彩，并将随着社会实践的发展而发展。"美丽中国"将成为新时期中国的一个分水岭。实干兴邦，不能"坐享其成"，必须不懈努力，长期奋斗，我们必须从自己做起，从现在做起，把我们所居社区建设成美丽社区，把我们所在城市建设成美丽城市，在全国人民的共同奋斗下，最终建成美丽大中国。

有梦想就有希望，有梦想就是动力，我们满怀信心，走好中国道路，尽管梦之旅，不是一帆风顺、一路坦途，相信在党中央领导下，弘扬中国精神，凝聚中国力量，全国人民心往一处想，劲往一处使，美丽中国之梦，一定能够实现。

三、推进生态文明建设，实现美丽中国梦面临的形势

走向生态文明新时代，建设美丽中国，是实现中华民族伟大复兴的中国梦的重要内容，也是新时期我国实现可持续发展的必然选择，其根本目的就是要解决经济发展与环境保护之间的冲突问题，使经济发展与环境保护相互协调、良性互动。自1978年改革开放以来，我国经过三十多年的持续快速发展，资源约束趋紧、环境污染严重、生态系统退化等问题，已经对我国提出了新的挑战。目前我国所面临的形势不容乐观。一方面，生态文明理念初步摄入人心，但民众大都仅从爱护环境、不乱扔垃圾、节约水电等基本行为习惯入手，并没有形成全国性的、全民性的、高层次的具有体系的普及效果的生态文明行为习惯。例如，爱护环境，不仅是不乱践踏草坪，更要人人为减排减污多做实事，购买经济型轿车、绿色出行、多使用可循环环保的袋子、拒绝一次性餐具等等。因为当理念与便捷、舒适冲突时，人们这时的选择才尤为珍贵。另一方面，生态产业链的做强做大，不仅仅是典型产业的标杆作用，而要真正实施，需要政府、社会、公民齐心协力。政府的政策导向与监督制裁，社会的用心倡导与具体落实，公民的自觉遵守与宣传普及都是一个系统工程，包括发展生态经济、促进循环经济产业项目的实施、节能技术的推广。目前我国经济建设转型还存在一定困难，企业转型正在逐步推进，日趋严重的雾霾天气急需改善，生态产业链的打造需要全方位的转型与全社会的配合。而打破这一瓶颈的制约，就要大力推进生态文明建设。

四、中国特色社会主义生态文明建设的重要战略任务

在深刻分析我国经济建设和社会发展面临的突出矛盾和问题，特别是面临资源约束趋紧、环境污染严重、生态环境退化的严峻形势的基础上，党的十八大报告提出了我国生态文明建设的四项基本任务，即优化国土空间开发格局、全面促进资源节约、加大自然生态系统和环境保护力度、加强生态文明制度建设。这体现了科学发展最本质的要求，是实现经济社会协调发展和可持续发展的根本保障。

（一）国土是生态文明建设的空间载体

土地、矿产等国土资源是生态系统的重要组成部分，是生态文明建设的物质基础、自然主体、空间载体和关键要素。从某种意义上说，生态文明建设最基本的问题，就是合理利用和有效保护包括国土资源在内的自然资源。毫无疑问，加强生态文明建设，是新时期赋予国土资源部门的重大战略任务。合理规划、科学管控国土资源，推动国土资源开发利用实现经济效益、社会效益和生态效益相统一，发挥技术、人才优势，全面系统地开展耕地保护、土地整治、矿山复垦以及进一步提高国土资源节约集约利用水平等，这些都是生态文明建设的重要组成部分。

（二）节约资源是保护生态环境的根本之策

党的十八大报告对全面促进资源节约做出了具体部署，明确了全面促进资源节约的主要方向，确定了全面促进资源节约的基本领域，提出了全面促进资源节约的重点工作。节约资源是缓解当前资源约束矛盾的重要措施，是实现全面建成小康社会目标的战略选择，是发展循环经济、实现可持续发展的必然要求，是增强企业竞争力的有效途径。节约资源是创新管理理念的内在要求。管理的目的之一就是解决有限资源与无限需求之间的矛盾。先进的管理理念可以提高效率，是实现盈利的"增收剂"。实现"增收"，一要合理分配、利用资源，二要有效节约资源。在当前资源短缺成为世界性难题的情况下，节约资源无疑体现了当代管理理念的创新。节约资源也是实施科学决策的本质体现。决策是管理工作的核心，管理者决策水平的高低直接影响着组织活动的开展和管理目标的最终效果。科学决策就是最大的节约，而要实现节约就必须进行科学决策。节约资源还是提高管理效益的必要途径。管理本身就是资源与需求矛盾的产物。通过管理实现资源效益的最大化，同时也就实现了管理效益的最大化。因此，节约资源既是衡量管理效益的一个重要标尺，也是管理的最终目

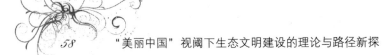

的。要把这些部署全面贯彻落实到经济社会发展的各个方面和各个环节，确保全面促进节约资源取得重大进展。

(三) 良好的生态环境是可持续发展的根本基础

习近平总书记指出，良好生态环境是人和社会可持续发展的根本基础。人民群众对环境问题高度关注。环境保护和治理要以解决损害群众健康的突出环境问题为重点，坚持预防为主、综合治理，强化水、大气、土壤等污染防治，着力推进重点流域和区域水污染防治，着力推进重点行业和重点区域大气污染治理。良好的生态环境是社会生产力持续发展和人们生存质量不断提高的重要基础。要彻底改变以牺牲环境、破坏资源为代价的粗放型增长方式，不能以牺牲环境为代价去换取一时的经济增长，不能以眼前发展损害长远利益，不能用局部发展损害全局利益。

第三章
生态文明建设的历史抉择

　　新中国成立以来，经过 60 余年的建设和发展，我国经济社会建设取得了巨大成就，基本解决了人民群众的温饱问题，使中国特色社会主义事业稳步前进。但是，我们也要清醒地认识到，由于历史负担和人口众多、经济高速增长等，我国生态环境面临着巨大压力，生态问题越来越成为我国的突出问题之一。我国生态文明建设任务艰巨。

第一节　国外生态文明建设实践分析

　　20 世纪以来，随着全球生态危机的日益蔓延，人类的环境保护意识不断觉醒，西方国家的环境保护运动蓬勃兴起。西方社会的有识之士对资本主义的生产生活方式及自然观和价值观进行了深刻的环境反思和生态批判，最终在 20 世纪中叶相继提出了生存主义理论、可持续发展理论和生态现代化理论等西方生态学理论，并取得了一系列研究成果。这些理论及其成果对我国生态文明建设具有重要的参考价值。

一、国外生态学理论梳理

　　生态环境建设，是一个复杂而系统的社会工程。它不是局限于一个国家或地区的事务，而是涉及全球共同利益的工程，是每个国家现代化进程中面临的重大现实问题。从我国具体实际出发，研究、借鉴国外生态学理论和生态环境建设的成功实践，对于推动具有中国特色的生态文明建设具有重要作用。

西方生态学理论的实质是关于人类科学治理人与自然之间生态关系的理论。总体而言，西方生态学理论自 20 世纪中叶渐成时代潮流以来，已经经历了三个重要的历史发展阶段，即生存主义理论阶段、可持续发展理论阶段、生态现代化理论阶段。

（一）生存主义理论阶段（20 世纪 60 年代末到 80 年代初）

生存主义理论阶段是西方发达国家生态文明的觉醒时期，环境保护的意识及理论开始逐步成为全社会关注的目标。

这一阶段的理论成果以蕾切尔·卡森的《寂静的春天》和罗马俱乐部的《增长的极限》为主要标志。它们第一次把环境问题理解为总体性的生态危机，推动以生态环境问题为研究对象的大量著述涌现出来。与之相应，西方社会的生态环境运动也风起云涌，开始形成了较大的声势。这些研究成果，主要阐发现代工业社会面临的严重生存危机，全面批判资本主义工业文明的生产生活方式，深刻提出现代经济生活假定增长和扩张可以没有限制地继续，但实际上，地球是由受到威胁的有限资源和因我们过度使用而处在危险之中的承载能力系统组成的。自此，环境问题由一个经济发展领域的边缘问题逐渐走向了全球经济发展的中心课题。伴随着公害问题的加剧和能源危机的出现，人们逐渐认识到把经济、社会和环境割裂开来谋求发展，只能给地球和人类社会带来毁灭性的灾难。激进环境主义支持者认为，除非发生根本性变革，否则现代类型的发展与增长将不可避免地导致生态崩溃。

生存主义理论批判了既有经济增长模式的前提假定——自然资源是可以无限利用和扩张的，同时提出经济发展存在"生态门槛"，地球资源和环境容量是有限的等问题。在生存主义理论渲染生态危机论的影响下，西方社会开始探寻在人类、自然和技术大系统内一种全新的经济发展模式。这种模式关注资源投入、企业生产、产品消费及其废弃的全过程，这就是美国经济学家鲍尔丁的"宇宙飞船理论"。他认为，地球就像在太空中飞行的宇宙飞船靠不断消耗自身有限的资源而生存。如果人们继续不合理地开发资源和破坏环境，超过了地球承载力，就会像宇宙飞船那样走向毁灭。人们必须在经济过程中思考环境问题产生的根源，从效法以线性为特征的机械论规律转向服从以反馈为特征的生态学规律。① 这就是循环经济思想的源头，即把传统的依赖资源消耗的单向线性增长经济方式转变为依靠生态资源的闭合循环发展经济方式。这一时期，人

---

① 吴未，黄贤金，林炳耀. 什么是循环经济 [J]. 生产力研究，2005（4）.

类在剖析自身生存方式和发展方式的道路上迈出了可喜的一步，为可持续发展理念的形成奠定了坚实的理论基础。

（二）可持续发展理论阶段（20世纪80年代中后期至90年代初）

20世纪80年代中后期以来，全面系统的可持续发展理论逐步形成并发展。这一阶段，以1987年联合国世界环境与发展委员会报告《我们共同的未来》和1992年在里约热内卢举办的联合国环境与发展大会为主要标志。1987年，《我们共同的未来》第一次正式提出了"可持续发展"的概念和模式，称"可持续发展是既满足当代人的需要，又不损害后代人满足其需要的能力的发展"[①]。20世纪90年代以来，国际社会对可持续发展的概念又进行了丰富和发展。例如，1993年对上述定义做出重要补充，即一部分人的发展不应损害另一部分人的发展。实际上，可持续发展的科学内涵不局限于生态学的范畴，它将自然、经济、社会纳入了一个大系统中，追求人类与自然之间、人与人之间的公平、持续发展。在"自然—社会经济"复合系统内部，可持续发展要求在生态环境的承载能力下，维持资源的可用性，促进经济的不断提高，以提高人们的生活水平，保持社会的稳定发展，以保持生态、经济、社会三方面的可持续发展。"可持续发展"理念逐渐成为一种普遍共识，成为指导全人类迈向21世纪的共同发展战略，并逐步完善为系统的理论。

可持续发展的原则主要包括：公平性原则、可持续原则、共同性原则、整体协调性原则。可持续发展是"自然—社会经济"大系统动态发展的过程，其发展的水平要用资源的承载能力、区域的生产能力、环境的缓冲能力、进程的稳定能力、管理的调节能力五个要素来衡量。[②] 具体而言，第一，生态环境的可持续发展。它主要包括自然资源的可持续利用与生态系统的平衡发展。对于自然资源的利用，尤其是不可再生资源的利用，不仅要考虑满足当代人的需求，还要考虑子孙后代的需求；不仅要考虑发达国家的发展需求，还要考虑不发达国家的发展需求。同时，生态环境的可承载能力也是可持续发展考虑的范畴。对生态系统进行保护，将人类的发展控制在维护生态系统平衡发展的范围内，为人类经济社会的发展提供生态保障。第二，经济的可持续发展。经济发展不仅满足了人们生存发展的需要，也为环境保护提供了经济支持。经济的可持续发展不仅追求数量上的增长，也追求质量上的提高。追求从粗放型生产消

① 世界环境与发展委员会. 我们共同的未来［M］. 北京：世界知识出版社，1989，第19页.

② 杜向民，樊小贤，曹爱琴. 当代中国马克思主义生态观［M］. 北京：中国社会科学出版社，2012，第116~117页.

费模式转向集约型经济发展模式，从"唯经济至上"的观念转向"人的可持续全面发展"的观念。第三，社会的可持续发展。它主要强调社会稳定与和谐发展，追求人类生活质量的提高和改善。

总之，可持续发展要求在"自然—社会—经济"的系统中，以自然资源的永续利用和生态环境的可承载力为基础，以经济的持续增长为条件，以社会的和谐发展为目的，强调三者协调统一发展。

（三）生态现代化理论阶段（20世纪90年代中后期以来）

20世纪末，在一些西方发达国家产生了生态现代化理论，它反映了这些国家在社会经济体制、经济发展政策和社会思想意识形态等方面的生态化转向。这一阶段，以2002年在约翰内斯堡召开的联合国可持续发展世界首脑会议为标志。

作为一种现代化理论与可持续发展理论的结合体，西方生态现代化理论逐渐发展成为一个理论基础稳定、发展方向明确的学术体系和社会思潮。它起源于对资本主义现代生产工业设计的重新审视，寻求并力证资本主义生态化与现代化的兼容。生态现代化理论主要立足于资本主义的自我完善功能、环境保护的"正和博弈"性质、社会主体的科学文化意识等基本假设。① 从整体上看，西方生态现代化理论认为，现代化进程中所产生的问题，只能在现代化进程中加以解决。它认为，"本世纪以及下一个世纪已经（或将要）由现代化和工业化引起的最具挑战的环境问题的解决方案必然在于更加——而不是较少的——现代化以及超工业化"②。为此，生态现代化理论提出了以下基本主张。

第一，推动技术创新。技术创新在生态现代化理论中的地位十分关键。以约瑟夫·休伯为代表的学者十分强调技术创新在社会新陈代谢中的作用，认为这是产生生态转型的根本所在。有学者进一步指出，社会和制度的转型才是生态现代化理论的核心，而科学和技术的变革性作用只是这种转型的重要内容之一。

第二，重视市场主体。"市场以及经济行为主体被看作是生态重建与环境变革的承载者，在生态现代化的理论和实践中具有重要的地位。"③ 生态现代化理论认为，在环境变革阶段，经济行为主体和市场动力发挥着建设性作用。

---

① 周鑫. 西方生态现代化理论与当代中国生态文明建设［M］. 北京：光明日报出版社，2012，第53~58页.

② F. Buttel, Ecological Modernization as Social Theory, Geoforum, 2000（31）.

③ 周鑫. 西方生态现代化理论与当代中国生态文明建设［M］. 北京：光明日报出版社，2012，第61页.

但是，出于经济利益最大化原则，市场主体主动参与生态现代化进程时需要满足一定的前提条件。值得一提的是，"生态现代化理论所强调的成熟的市场，并非是一种纯粹的自由主义的市场，而是一个以环境关怀为基础、以环境政策为导向的规范性市场。但这并不意味着要抹杀市场的个性与活力，只是指向经济生态化目标的一种发展方向"①。

第三，强调政府作用。随着可持续发展理论的兴起及其与现代化进程结合的日益紧密，主张生态现代化理论的学者们逐渐认识到应该重新审视政府在环境保护中的作用。有学者认为，政府干预的协商形式可以在环境保护中发挥重要作用。生态现代化理论认为，积极的政府在生态现代化进程中具有非常重要的作用：政府的干预可以引导有效的环境政策的制定，政府能严格地治理环境并能激励创新。这是生态现代化的一个重要原则。

第四，突出市民社会。生态现代化理论重视市民社会在生态现代化进程中的作用，认为它是实现整个社会的生态转型所必不可少的要素。就市民社会在生态现代化进程中的具体作用而言，它是联结政府和市场行为主体的纽带，它对经济创新、技术创新的认可与压力是推动生态现代化发展的重要动力。因此，"市民社会的发达与否，既是考察和衡量生态现代化发展水平的一个重要参考值，也是促进其发展的要素之一"②。

第五，关注生态理性。西方生态现代化理论充分地利用和发展了生态理性。生态理性在生态现代化理论中的主要作用是：①在生态理性的支配下，环境活动与经济活动可以被平等地评估；②在自反性现代化中，生态理性逐渐以一系列独立的生态标准和生态原则的形式出现，开始引导并支配复杂的人与自然关系；③生态理性可以被用来评价经济行为主体、新技术以及生活方式的环保成效；④生态理性的运用并不局限于西北欧的一些国家，也可以运用于全球范围。在实践上，生态理性在生态现代化理论的推行中也被广泛运用。

综上所述，生态现代化理论的最终目的是实现整个社会的生态转型，或者说是追求一种经济和社会的彻底的环境变革。这是一项复杂的系统工程。其中，生态理性是主线，技术创新是手段，市场主体是载体，政府作用是支撑，市民社会是动力。这些具体的主张共同促进了环境变革这一系统工程的发展。

综观整个西方生态学理论的发展阶段，它的历史演进主要呈现以下特点：其一，从实践层面上看，由以个别学者为主体发展到以国际组织、机构为主

---

① 周鑫. 西方生态现代化理论与当代中国生态文明建设［M］. 北京：光明日报出版社，2012，第62~63页.

② 周鑫. 西方生态现代化理论与当代中国生态文明建设［M］. 北京：光明日报出版社，2012，第66页.

体。具体而言，西方生态学理论对人与自然生态关系的关注，在早期，大多由学者著书立说或演讲宣传来推进，而后期的生态文明探讨，则大多以国际组织、机构来进行组织并推动。其二，就思想层面来讲，由"深绿"发展到"浅绿"。具体而言，早期西方的绿色生态运动的主导思想是"深绿"的，即"深生态学"，它大多批判工业革命对自然界的掠夺、对生态环境的破坏，进而反对人类中心主义，批判技术中心主义。而后期的绿色生态运动的主导思想则是"浅绿"的，它以生态中心主义为指导，既拒绝狂妄的、以技术中心主义为特征的早期粗糙的人类中心主义，也远离极端的生物中心主义、生态中心主义。①

（四）有机马克思主义——一种最新的生态学思潮

近年来，美国兴起了一种新的生态学思潮——有机马克思主义。它以探讨生态危机根源和寻求解决当代生态危机的途径为目的，将马克思主义、中国传统智慧、过程哲学有机融合，进而形成了一种新形态的马克思主义。有机马克思主义最早是由美国学者菲利普·克莱顿、贾斯廷·海因泽克在《有机马克思主义：生态灾难与资本主义的替代选择》一书中提出的。作者通过深入分析当代资本主义的内在缺陷，指出资本主义的生产方式和政治模式是导致生态灾难的根本原因（但不是唯一原因）。资本主义面临着它自身根本无法解决的危机，"有机马克思主义"作为资本主义的替代选择被提了出来。这是一种开放的新马克思主义，是使整个人类社会免遭资本主义破坏的主要希望所在。这一学说的核心原则主要是：为了共同福祉、有机的生态思维、关注阶级不平等问题及长远的整体视野。在此基础上，它提出了走向社会主义生态文明的发展道路，以及一系列原则纲领和政策思路，并对包括生态文明建设在内的中国特色社会主义道路给予了高度评价，认为在地球上所有的国家当中，中国最有可能引领其他国家走向可持续发展的生态文明。而后，柯布在《论有机马克思主义》一文中对有机马克思主义进行了更为全面的阐释。

有机马克思主义在理论主张上不同于生态马克思主义，它没有将生态危机的根源完全归结在资本主义制度上，主张多种因素导致现代生态危机的出现，将理论重点放在分析现代性即西方现代世界观和现代思维方式上。② 有机马克思主义提出，若简单地判定社会制度是生态危机的根源，那么一些包括中国在

---

① 周鑫. 西方生态现代化理论与当代中国生态文明建设 [M]. 北京：光明日报出版社，2012，第66页.

② 王治河，杨韬. 有机马克思主义及其当代意义 [J]. 马克思主义与现实，2015（1）.

内的社会主义国家存在的生态危机则无从解释。此外，有机马克思主义还特别强调自身与中国优秀传统文化的内在契合性，认为中国优秀传统文化强调流变、系统和整体性，是一种社会整体取向的思维方式，这与有机马克思主义可以说是异曲同工。①

有机马克思主义者对于我国生态文明建设给予了较高评价。克莱顿等人认为，环境问题的解决不是轻而易举的，而在于文明的转变，因此必须走向生态文明；而中国的生态文明建设既不同于资本主义，也区别于传统社会主义的"第三条道路"，是强调社会和谐与生态文明的中国式社会主义道路。柯布明确提出"中国是当今世界最有可能实现生态文明的地方"②。他认为，中国共产党十七大报告高度重视生态文明建设，率先把建设生态文明作为中国的战略任务，这是"历史性的一步"③。

作为一种新的思潮，有机马克思主义还在不断生成和发展中，需要逐渐完善，但它提出的一些思想和主张对推进马克思主义研究和我国生态文明建设是有益的参考。

二、国外典型生态文明建设实践分析

当前，我国在社会主义现代化建设进程中同样面临着严重的生态问题。他山之石，可以攻玉。梳理和剖析一些国家开展生态环境保护的实践经验，可以为我国生态文明建设提供丰富的启示和借鉴。

（一）美国生态文明建设实践分析

20 世纪 70 年代是美国全面治理环境污染极其重要的时期。在这一时期，美国联邦政府制定了严格的环境保护法律和条例，基本形成了目前美国主要的环境政策，成立了专门的环境保护机构，进一步增加了对环境科学研究的经费投入。同时，社会公众越来越多地关注环境保护，人们的环保意识逐渐增强。

在美国的早期发展阶段，联邦政府很少明确关注生态环境问题。但是，随着大规模工业化生产导致一系列环境污染和生态破坏问题的产生，生态保护问题日渐受到政府和社会的共同关注。19 世纪末期，美国国会将黄石地区设置为美国第一个国家公园，并通过了《1872 年黄石公园法》，将其视为永久保护

---

① 王凤珍. 有机马克思主义：问题、进路及意义 [J]. 哲学研究，2015（8）.

② 柯布，刘昀献. 中国是当今世界最有可能实现生态文明的地方——著名建设性后现代思想家柯布教授访谈录 [J]. 中国浦东干部学院学报，2010（3）.

③ 王凤珍. 有机马克思主义：问题、进路及意义 [J]. 哲学研究，2015（8）.

的自然区域。这一做法已经在全世界得到认可并被广泛效仿。1891年，国会通过立法建立了国家森林系统的法律——美国《1891年森林保护法》。随后，国会颁布了美国《1906年古文物法》，授权总统规划"具有历史意义的、史前的和科学价值特征"的联邦土地作为国家名胜古迹的保护区。

　　第二次世界大战以后，联邦政府积极鼓励各州采取环境保护措施。从20世纪40年代到60年代，美国先后出台了《1948年联邦水污染控制法》《1963年清洁空气法》《1965年固体废弃物处置法》，鼓励和敦促各州积极制定计划与措施来控制水污染、空气污染和应付废弃物处置问题。

　　20世纪70年代是美国环境保护法律的"黄金十年"。这10年形成了美国保护环境的联邦监管的基本架构，绝大多数沿用至今，如《1969年国家环境政策法》《1972年联邦水污染控制法》《1972年海洋保护、研究和自然保护区法》（也称《海洋倾倒法》）《1974年安全饮用水法》《有毒物质控制法》《1976年联邦土地政策与管理法》和《1976年国家森林管理法》等。

　　20世纪80年代以后，美国联邦政府的主要工作是重新审查、扩展和改进环境保护开始时的策略。国会通过强化法律，设置约束行政机关颁布条例的新期限，并增加违法处罚的力度。同时，国会还弥补了已经发现的环境规制法基础架构中的漏洞。美国1986年颁布的《综合环境响应、补偿和责任法》，在弥补整治修复化学品泄漏的土地成本时，对相关的当事人实施严格的连带责任。1990年国会两党多数通过了美国《1970年清洁空气法》（也称《清洁空气法》）修正案。这项立法规定了大幅削减造成酸雨的二氧化硫的排放，以及对新的有害空气污染物加以控制的措施。它还创建了全国空气污染源许可证计划和排放交易计划，使公司能够通过在公开市场购买或出售排污许可证，来更有效地履行法律的要求。

　　之后的若干年，美国的环境保护在较为全面和成熟的体制保障下，进入了一个相对平稳的时期。这个时期，美国环境问题大大缓解，很少出台新的法律，只是对已有法律进行适度修正。可见，全面、系统且有针对性的政策法律对一个国家的生态文明建设有着不可替代的重要作用。

　　（二）日本生态文明建设实践分析

　　日本环境保护的发展过程是一个典型的先污染后治理的过程。20世纪50年代中期开始，由于日本经济高速增长，各种产业废弃物对大气、水质、土壤等造成了非常严重的污染，且呈日渐蔓延之势。面对这种严峻的生态环境形势，日本政府以四大公害问题的不断深化为契机，于1970年召开了"防治公害国会"。这成为推进环境治理的一个重要拐点，而废弃物管理则是污染防治的重中之重。经过多年的治理和保护，日本的天空和河流慢慢变得干净，绿色植被也开始繁殖变多，环境污染引发的疾病逐渐消退，日本逐渐成为一个天蓝水清的国家。

1. 日本循环型社会建设中废弃物管理的发展

日本的《废弃物处理法》正式名称为《废弃物处理以及清扫相关法律》。该法旨在控制废弃物的产生，规范废弃物的分类、保管、收集、搬运、再生、销毁等过程，维持生活环境清洁，促进公共卫生状况的提升。这部法律的前身可以追溯到1900年制定的《污物扫除法》。

《废弃物处理法》对产业废弃物的排放限制以及恰当处理都做出了相应的规定。同时，按照废弃物排放的实际情况以及不断产生的问题，通过对《废弃物处理法》的修正，明确废弃物排放相关企业的责任，以应对日益严峻的废弃物非法投弃问题。此外，日本还积极推进废弃物处理的优化升级工作，稳步推进日本循环型社会的形成。

日本政府以环境基本法理念为基础，又以促进资源、废弃物的循环利用为目的，于2001年开始实施《促进循环型社会形成基本法》。《废弃物处理法》明确规定了废弃物排放限制以及恰当处理的相关细则。

此外，日本政府还出台了《容器包装回收利用法》《家电回收利用法》《食品回收利用法》《建筑材料回收利用法》《汽车回收利用法》五部具体法律。各种不同类型的产业废弃物根据相应的法律法规来进行处理。

2. 日本废弃物管理的主要措施

通过对日本废弃物法律、规章以及地方经验的总结，可以归纳出日本废弃物管理的主要措施。

（1）《废弃物处理法》与各方的责任

《废弃物处理法》首先明确规定了国民、企业、市町村、都道府县以及国家各组成部分的责任。其中，国民的职责在于废弃物排放控制以及再生利用，国民应当减少废弃物的排放并对废弃物进行恰当的处理，协助国家和市町村做好相关工作。企业承担由企业活动产生的废弃物的善后工作，对废弃物进行再生利用以及减量化处理，努力研发技术，降低废弃物的处理难度。

地方政府应对管辖区域内的废弃物处理设备以及废弃物处理业进行管理，对排放废弃物企业进行指导。此外，废弃物处理业应当由地方政府以及政令许可城市开展。国家应当统计收集废弃物的相关信息，促进相关技术的发展。同时，为了使地方政府更好地发挥作用，国家还给予技术以及财政方面的支持。

（2）评价惩罚机制的建立

为推进废弃物的恰当处理，日本政府以建立评价惩罚机制为核心，对《废弃物处理法》进行了多次修订。

首先，基于1997年和2000年《废弃物处理法》的结构改革对其进行了大幅度修订。内容包括：①彻底追究排放者的责任，强化管理票制度；②针对废弃物的不恰当处理问题制定相应对策，严格加强废弃物处理业者以及处理设备的许可证发放制度，加重处罚力度（处5年以下有期徒刑，个人1 000万日元、法人1亿日元以下罚金）；③确保规范处理设备，使废弃物处理设备的设置手续透明化，增强公共监督力度。

其次，积极推进2003年、2004年、2005年修正案的结构改革。内容包括：①加强防止非法投弃的措施。包括：扩大都道府县的调查权限；设定国家对都道府县的指示权限；创立非法投弃未遂罪和非法投弃目的罪；取消恶劣企业的资质和经营许可证；直接处罚硫酸沥青废弃物的不恰当处理；强化管理票虚伪履历记载的惩罚力度等等。②在2005年10月，日本政府决定设立地方环境事务所。

（3）管理票制度的建立

针对产业废弃物的日本式管理票制度是指对废弃物排放者实施的从废弃物排放到最终处理的一条龙管理制度。管理票制度分为纸制文书型管理票制度和电子版管理票制度。

纸制文书型管理票制度的基本运用指的是废弃物排放者在进行产业废弃物处理（包括收集搬运）委托时，必须提交写有产业废弃物种类、排放者信息、处理委托者信息的管理票。管理票将与产业废弃物一起流动，每完成一个环节的恰当处理，相关人员就会在管理票上签字盖章以确认该环节的处理，当产业废弃物处理最终完成后，这张管理票将被交回废弃物排放企业。

电子版管理票制度是指通过电子信息记录产业废弃物处理情况的管理票制度。这项制度由环境大臣指定的信息处理中心（日本产业废弃物处理振兴中心）实施管理，其特征为建立电子版管理票体系。电子版管理票具有很大的优势，它通过信息技术化成功实现信息共享与信息传输的效率化，将废弃物排放企业、收集搬运者、废弃物处理者以及信息管理系统联系在一起。此外，电子版管理票难以伪造，便于都道府县等对废弃物处理进行监督管理，使其迅速发现问题并进行及时处理，是一项能够防止非法投弃废弃物的非常有效的措施。相比传统的纸制文书型管理票，电子版管理票能够及时把握废弃物处理的实时情况，并省去了必须保存纸制文书型管理票的环节，同时也能有效防止漏登漏寄，且能够及时提醒废弃物排放企业对废弃物进行处理。

使用电子版管理票，有利于同时实现事务处理效率化，遵守法律和数据透明化。此外，电子版管理票信息由信息处理中心向政府报告，相关企业等不需要再进行报告。根据日本政府 2008 年底的统计，电子版管理票的使用率已经达到所有废弃物管理票的 14%。这种电子版管理票有快速增加趋势。2010 年，根据日本国家信息技术战略部的统计，电子版管理票已实现 50% 的普及率。

（三）新加坡生态文明建设实践分析

新加坡很早就意识到了水资源保护的重要性。从 19 世纪初开始，受香港 1∶1 活动蓬勃发展的影响，新加坡河的污染不断加剧。20 世纪 50 年代，水资源和不断增长的人口之间的矛盾日益凸显，仅有的几个水库无法储存足够的水来满足这些人的需求，新加坡政府不得不实行水配给制度。因此，制定切实可行的计划，不惜一切代价建设更多的本地水库并维持清洁的供水，成为关乎新加坡存亡的问题。

1. 水资源保护的政策与国家工程

在水资源短缺的情况下，新加坡政府制定了清理相关集水区的总体规划。为了不受国家自然劣势的制约，新加坡政府认为，只要有全心投入、开放的创新心态和充足的研发投资，就能找到解决方案。在四五十年时间里，新加坡水资源利用已经有了很大的发展。

（1）水资源保护的基本政策

2008 年，《环境污染控制法》经修改增添了环境保护与管理、资源保护等条款后，被更名为《环境保护和管理法》。这一重要法律由国家环境局来实施，为控制环境污染、促进资源节约搭建了全面的法律框架。国家环境局还负责实施《环境公共卫生法》和《病媒生物防治及杀虫剂法案》。所有这些构成了确保新加坡公众健康和公共卫生的法律屏障。此外，《环境保护和管理法》涵盖了多个领域，包括公共场所的清洁、废物处理、工业废水排放、食品设施和小商贩中心以及卫生条件等。

（2）水资源保护的国家工程

新生水、淡化海水、当地的集水区水源和进口水，形成了现在新加坡"四大国家水龙头"战略。"四大国家水龙头"中，有三个（当地的集水区水源、进口水和淡化海水）是主要来源。另外，新生水是次级水源，是把主要来源的水回收使用而创造出来的。因此，无论是淡化海水还是新生水在满足长期需求方面都发挥了重要作用。

2. 水资源的可持续保护

"四大国家水龙头"战略所开发的新水源，是新加坡政府为了确保可持续

供水所实施策略的一半。另一半是管理水资源的需求和鼓励节约用水。可以说，这一半更为重要，因为无限期地建设新水源会受到空间和成本的限制。1981年，政府制定了第一个水资源保护计划，通过三种关键方法，设定新加坡的水资源保护策略：定价、强制性要求及公众教育。这项计划呼吁节约用水的措施，包括使用节水型器具、检查浪费用水的现象、减少过多的水压和水的再生利用。

同年，公用事业局成立了水资源保护小组，由其负责管理用水需求，并向公众推广节约用水。水资源保护小组推出了各种举措，如到学校演讲、组织民众参观水厂，并在学校课程中加入节约用水的资讯。20世纪70年代的节约用水活动一直持续到20世纪80年代的"让我们不要浪费宝贵的水资源"和"让我们节省宝贵的水资源"等运动。高层住宅建筑的水表上安装了限流装置，并在这些场所成功地减少了约4%的用水量。

节约用水工作的开展，离不开不断增强的节水意识和积极的公民活动。21世纪，新加坡实行了社区主导的举措，如高效用水住宅、高效用水建筑，"挑战10公升""挑战10%"等。自1995年以来，在发出了一系列的家庭用户和非家庭用户倡议之后，新加坡的年均用水需求增长率一直保持在约1.1%的低点，而同时国内生产总值增长率为5.1%，人口增长率为2.2%；国内人均用水量从1994年高峰时的每人每天176升，减少到2007年的每人每天157升。新加坡人不仅学会树立自觉环保的生活方式，而且已经开始积极拥护这种生活方式。

三、国际生态环境保护实践经验借鉴

世界各国生态文明建设的成功经验，对于我国的生态文明建设具有积极的借鉴意义。

(一) 构建严格的法律、制度等政策体系

各国的经验表明，没有严格的法律和环境规则的强化，环境污染这一经济社会发展面临的严峻问题就难以得到有效解决。所以，随着经济增长，法律和环境规则理应不断加强。只有污染者、污染损害、地方环境质量、排污减让等信息的不断健全，才能促成政府加强地方与社区的环保能力以及提升国家环境质量管理能力。严格的法律和环境规则将进一步引起产业结构朝低污染的方向转变。

（二）采用多种市场化手段

法律、制度和实施计划等政策的构建为生态文明建设夯实了政策基础，同时也不能忽视市场化手段的使用，并应以此激励企业转变生产方式，构建环境友好的产业体系。在地方政府财政能力有限的情况下，可以拓宽渠道，如发行市政债券、引入民间资本、制定补偿措施等，把政策优惠转变为治污企业的盈利，并按实际需要提取折旧和改进费用，提高污染治理设施的运营效率，为环保产业的可持续发展提供保证。

（三）政府部门之间的协调联动

生态文明建设是一项涉及面广、专业性强的事业，既需要环保部门积极推动，又离不开各相关部门密切配合。各部门密切协作，则事半功倍；各部门推诿扯皮，则环保部门孤掌难鸣。国际经验表明，只要政府重视，各部门协调联动，环保工作推进力度就会加大。相关政府部门需要根据当地的经济社会发展特点和资源环境问题，梳理出一批需要多部门配合的具体工作事项，结合各部门的主要职能，制定相关部门的参与程度和具体任务，并搭建信息交流平台，加强沟通和交流。

（四）生态文明意识的普及教育

日本和新加坡的经验表明，运用多种环境教育手段，向全民普及环境保护知识，进而提高公民的环境保护意识，使其积极投入环境保护活动对于生态文明建设来说是十分重要的。比如采取重点宣传环保策略，充分利用网络、电视、广播、报纸等多种媒体手段发布相关信息，组织单位参观污染源，鼓励大众参与环保教育、积极参与环境保护的活动，使社会公众更深刻地意识到生态文明建设的重要性。

当然，在生态环境保护的进程中，应根据我国产业结构、人口和就业情况、技术水平、发展与保护的平衡等因素，制定适合本国国情的环境战略和政策，而不是简单照搬。中国是一个幸运的国家，日本和欧美国家在人均1万美元以后才开始治理环境，中国在人均3 000多美元时就已经意识到了环境问题的严重性。因此，虽然我国经济仍然在不断发展，但环境恶化的趋势却不会一直持续下去。与发达国家过去所经历的环境痛苦相比，中国将会在一个环境负荷较低的情形下扭转环境持续恶化的局面。环境保护是一场持久战，将贯穿我国的现代化全过程。现在，国家已经把环境保护摆在了工业化和现代化的重要战略地位，我们应当在摸家底、理思路、定战略、严执法、抓落实等方面下大

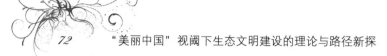

力气，使我国的生态文明建设取得长足进步。

第二节　中国生态文明建设实践分析

新中国成立以来，中国共产党在社会主义革命、建设、改革的各个时期都重视生态环境保护，并取得了巨大的成就。回顾总结 60 多年来我国生态环境保护的发展历程、丰富经验，对在新的历史起点上不断开创生态文明建设新局面具有至关重要的意义。

一、早期环境保护的探索

新中国成立初期，以毛泽东为核心的党的第一代中央领导集体，十分重视生态环境建设，并结合中国国情，提出了"植树造林、绿化祖国"，根治大江大河等一系列重大部署。毛泽东在《论十大关系》中曾明确指出，"天上的空气，地上的森林，地下的宝藏，都是建设社会主义所需要的重要因素"①。毛泽东关于生态环境保护的思考与实践不仅对当时中国社会主义建设发挥了重要作用，而且对当前全面建成小康社会，建设美丽中国，实现中国梦，仍然有着十分重要的现实指导意义。

毛泽东虽然没有提出生态文明的概念，但是他对生态环境保护却有不少深刻的思考。在担任党和国家领导人期间，他多次就林业、水利、人口问题做过重要批示和讲话，提出了一系列关于生态环境保护的真知灼见。由中中央文献研究室、国家林业局编的《毛泽东论林业》一书中详细收录了毛泽东自 1919 年至 1967 年关于林业问题的 58 篇文稿，集中展示了他的环境保护思想，对于推动我国今后的生态文明建设具有重要指导意义。

二、改革开放以来的生态文明建设

（一）邓小平关于生态环境保护的思考与实践

以邓小平为核心的党的第二代中央领导集体，把党和国家的工作重心转移到经济建设上来，实行改革开放，开始了建设有中国特色社会主义的新探索。

---

① 毛泽东文集（第 7 卷）[C]．北京：人民出版社，1999，第 34 页．

在这一阶段，生态环境的压力日益加大，环境保护工作逐步提上议事日程，不断丰富和强化了中国特色社会主义生态文明建设的内容。

1. 生态行为方面

邓小平的生态文明思想，主要表现在他高度重视政府生态行为、企业生态行为和公众生态行为方面。

（1）政府生态行为。1983年，第二次全国环境保护会议中，邓小平提出："环境保护是我国的一项基本国策"。他还确定了有关环境保护的政策和三大战略方针。1989年，邓小平在第三次全国环境保护会议中提出："努力开拓具有中国特色的环境保护道路，"会议还通过了环境管理的八项制度。政府的生态行为起到了主导作用。

（2）企业生态行为。邓小平重视企业的环境保护和资源节约行为，充分发挥生态文明建设中企业生态行为的作用。邓小平对于企业的资源浪费现象提出："要促进使用单位节约，提高煤油价格，这实际是保护能源的政策。"他清楚地认识到提高企业的经济效益，必须有一个良好的生态环境作支撑。邓小平还要求企业在生产中，注重美学、绿化和心理学的重要性，主张各企业借鉴和学习国外经验。这与目前我国生态文明建设所倡导的建设生态型企业的要求不谋而合。

（3）公众生态行为。公众生态行为主要表现在邓小平提倡人民群众积极参与植树造林。十年树木，百年树人。邓小平将植树造林作为我国的一项战略任务，充分体现了邓小平对祖国绿化的高度重视。1982年12月，邓小平在全军植树造林的表彰大会中提出："植树造林，绿化祖国，造福后代"。

2. 加强农业改革

生态产业文明是生态文明建设的物质基础，它与生态经济密不可分，而生态经济对现代化农业生产的要求便是生态农业。"在农村方面要采取的一些政策，目的就是要多打一点粮食，多种植一点树，耕牛繁殖起来，农民比较满意，一面自己能够多吃一点，一面多给国家一点。"① 在当时的环境下，邓小平明确地提出了我国在发展农业上的政策，并认为要想发展好农业，就必须要抓好市场，处理好物价与市场的关系问题。他还根据我国的基础国情，认识到要想实现四个现代化就必须要看清我国"底子薄""人口多，耕地少"的现状。在农业建设上，生态农业才是符合我国国情的发展方向。1990年3月，他提出了有关我国农业改革和发展的策略，即"两个飞跃"的思想。第一个飞跃是实行家庭联产承包为主的责任制，废除人民公社；第二个飞跃是要适应

① 邓小平文选（第1卷）［C］. 北京：人民出版社，1993，第132页.

生产社会化和科学种田的需要，适度发展集体经济和规模经营。邓小平关于"两个飞跃"思想的提出，不仅是我国在农业建设上的飞跃，更是我国农业发展和改革的伟大纲领。

3. 注重科学技术的发展

生态科技是生态文明建设的基础，为生态文明建设提供了强有力的科学支撑。邓小平于 1988 年提出了"科学技术是第一生产力"① 的口号。他还提出："最终可能是科学解决问题。科学是了不起的事情，要重视科学。"② 所以，要想发展农业，首先需要依靠政策，其次就要相信科学，科学技术在农业发展中的作用是不可估量和无穷无尽的。农业作为中国基础性的产业，邓小平认为中国的农业发展一定要坚持走科教兴农的道路，而最终解决好农业问题还需要依靠生物工程。"中国要发展，离开科学不行。"③ "实现人类的希望离不开科学。"④ 由此可见，建设生态文明，解决生态环境问题始终要依靠科学技术，这也为我国生态文明建设注入了科技的含量。

（二）江泽民关于生态环境保护的思考与实践

党的十三届四中全会以来，以江泽民同志为核心的党的第三代中央领导集体十分注重在总结实践经验的基础上推进理论创新，不仅开创了全面改革开放新局面，推进了党的建设新的伟大工程，而且把中国特色社会主义成功推向21 世纪。在新的历史条件下，江泽民同志立足我国国情，创造性地赋予可持续发展理论鲜明的中国特色和时代特征，成为中国特色社会主义生态文明建设的重要内容。

1. 可持续发展战略

"世界发展中一个严重的教训，就是许多经济发达国家，走了一条严重浪费资源、先污染后治理的路子，结果造成了对世界资源和生态环境的严重损害。"⑤ 这是江泽民就我国当时的环境问题提出的观点。基于中国人口基数大，中国的经济必须与资源、环境和人口相协调发展，在环境的承载范围内推进经济的稳定发展，做到社会与自然规律、经济性与生态性统一发展，绝对不能走资源过度消耗和生态环境遭到破坏的不可持续发展道路。在党的十四届五中全

---

① 中共中央文献研究室．邓小平思想年谱：1975—1997［M］．北京：中央文献出版社，2001，第 882 页．

② 邓小平文选（第 3 卷）［C］．北京：人民出版社，1993，第 313 页．

③ 邓小平文选（第 3 卷）［C］．北京：人民出版社，1993，第 183 页．

④ 邓小平文选（第 3 卷）［C］．北京：人民出版社，1993，第 184 页．

⑤ 江泽民文选（第 1 卷）［C］．北京：人民出版社，2006，第 533 页．

会中，江泽民提出："在现代化建设中，必须把实现可持续发展作为一个重大战略"。① 在第四次全国环境护会议中，江泽民提出 "必须把贯彻实施可持续发展战略始终作为一件大事来抓"。② 2002 年，党的十六大报告将实现可持续发展列为建设小康社会的四大目标之一。

2. 和谐发展

改革开放以来，粗放型经济发展模式和资源高消耗的发展特征未从根本上得到改变，人与自然的关系趋于紧张。江泽民提出："如果在发展中不注意环境保护，等到生态环境破坏了以后再来治理和恢复，那就要付出更沉重的代价，甚至造成不可弥补的损失。"③ 江泽民在第四次全国环境保护大会中提出 "保护环境的实质就是保护生产力" 的论断。2001 年，江泽民在对海南进行实地考察时指出："破坏资源环境就是破坏生产力，保护资源环境就是保护生产力，改善资源环境就是发展生产力"。④ 在建党 80 周年的讲话中，江泽民一再强调要促进人与自然的和谐，并在党的十六大报告中提出了 "促进人与自然的和谐"。他还提出："努力开创生产发展、生活富裕和生态良好的文明发展道路"，其三者之间的关系是生态良好决定了生产发展和人民生活的可持续程度，生活富裕是生产发展的结果，生产发展是社会发展的物质基础。

3. 水资源保护工作

我国历史上，旱灾十分频繁。20 世纪 90 年代以后，干旱缺水的情况更加明显。江泽民同志对这个问题极为重视，他指出："现在，我国西北和北方一些地区缺水的问题已经非常严重，制约了这些地区的经济社会发展。如果不能尽快得到缓解，还会出现更严重的后果。缺水的危害性绝不亚于水患。没有水，人都不能生存，还谈什么开发和发展?!"⑤ 所以，要从战略高度认识水的问题，加强水资源的管理，实现水资源的可持续利用。他指出："水是人类生存的生命线，也是农业和整个经济建设的生命线。……实现我国的长远发展，必须下大气力解决水的问题。"⑥

为解决这个关系国计民生的重大现实问题，江泽民同志曾做过一系列的详细阐述，如 "总的要求是开源节流并举，以节水为主。一要广泛采取节水措施，特别要大力发展节水农业；二要从长计议、全面考虑、科学选比、周密计

① 江泽民文选（第1卷）[C].北京：人民出版社，2006，第463页.

② 江泽民文选（第1卷）[C].北京：人民出版社，2006，第532页.

③ 江泽民文选（第1卷）[C].北京：人民出版社，2006，第532页.

④ 江泽民论有中国特色社会主义 [C].北京：中央文献出版社，2002，第282页.

⑤ 江泽民文选（第2卷）[C].北京：人民出版社，2006，第354~355页.

⑥ 江泽民文选（第2卷）[C].北京：人民出版社，2006，第295页.

划，适时进行重大水利工程建设"①。"要从战略上采取措施，坚持经济效益、社会效益、生态效益的统一，保证黄河流域以及沿黄地区经济社会不断发展对水资源的要求。缓解黄河水资源供需矛盾，必须坚持开源、节流、保护三者并重，综合运用经济、技术、行政的措施。"② 他还提出："一定要大力植树造林，加强综合治理，不断改善生态环境，防止水土流失。这是确保库区和整个长江流域长治久安和可持续发展的重要前提条件，是功在当代、利在千秋的大事，务必年复一年地抓紧抓好，任何时候都不能疏忽和懈怠。总之，要统筹兼顾、着眼长远、科学规划，采取切实可行的措施，努力实现经济、社会和生态环境协调发展。"③

江泽民同志提出："为从根本上缓解我国北方地区严重缺水的局面，兴建南水北调工程是必要的，要在科学选比、周密计划的基础上，抓紧制定合理的切实可行的方案。"④ 要 "加紧南水北调工程的前期工作，尽早开工建设"⑤。在以江泽民同志为核心的党的第三代中央领导集体的支持下，南水北调工程东线和中线建设工程于 2002 年 12 月正式开工。

(三) 胡锦涛关于生态环境保护的思考与实践

党的十六大以来，以胡锦涛为核心的党中央吸收以往历届党中央领导集体关于生态建设的成功经验，紧密联系当前中国经济社会发展实际和阶段性特征，提出了科学发展观、构筑社会主义和谐社会、建设生态文明等思想理论。胡锦涛在中国共产党第十七次全国代表大会上的报告中指出："建设生态文明，基本形成节约能源资源和保护生态环境的产业结构、增长方式、消费模式……在全社会牢固树立生态文明观念。"⑥ 党的十八大报告中，又将生态文明建设纳入社会主义现代化建设的总体布局中。

1. 科学发展观

在党的十七大上，胡锦涛总书记在《高举中国特色社会主义伟大旗帜为夺取全面建设小康社会新胜利而奋斗》的报告中提出，科学发展观第一要义是发展，核心是以人为本，基本要求是全面协调可持续性，根本方法是统筹兼

① 江泽民文选 (第 2 卷) [C]. 北京：人民出版社，2006，第 295 页.
② 江泽民文选 (第 2 卷) [C]. 北京：人民出版社，2006，第 354-355 页.
③ 江泽民文选 (第 2 卷) [C]. 北京：人民出版社，2006，第 69 页.
④ 江泽民文选 (第 2 卷) [C]. 北京：人民出版社，2006，第 123 页.
⑤ 江泽民文选 (第 3 卷) [C]. 北京：人民出版社，2006，第 123 页.
⑥ 胡锦涛. 高举中国特色社会主义伟大旗帜 为夺取全面建设小康社会新胜利而奋斗——在中国共产党第十七次全国代表大会上的报告 [M]. 北京：人民出版社，2007，第 23 页.

顾，指明了我们进一步推动中国经济改革与发展的思路和战略，明确了科学发展观是指导经济社会发展的根本指导思想，标志着中国共产党对于社会主义建设规律、社会发展规律、共产党执政规律的认识达到了新的高度，标志着马克思主义的中国化，标志着马克思主义和新的中国国情相结合达到了新的高度和阶段。科学发展观包括以人为本的发展观、全面发展观、协调发展观和可持续发展观。其中可持续发展要处理好经济增长与环境保护的关系。第一，良好的生态环境和充足的自然资源是经济增长的基础和条件。经济增长的最终目的是富民强国，提高人民的生活水平。第二，经济增长不足或增长方式不当是造成环境污染、资源枯竭、生态破坏的重要原因。第三，发展经济要有可持续性。第四，环境问题是发展带来的也只有通过发展才能加以解决。

2. 提出统筹人与自然和谐发展

以胡锦涛同志为核心的党中央在领导全党全国各族人民全面建设小康社会的实践中审时度势，进一步提出了统筹人与自然和谐发展。

2004年5月，胡锦涛同志在江苏考察工作结束时发表讲话，全面分析了我国改革发展关键时期的主要特点，提出把科学发展观贯穿于发展的整个过程。他指出，良好的生态环境是实现社会生产力持续发展和提高人们生存质量的重要基础。经过不懈努力，我们在生态环境保护和建设方面取得了不少成绩，但是生态环境总体恶化的趋势尚未根本扭转，环境治理的任务依然艰巨繁重。要大力宣传生态环境保护和建设的重要性，增强全民族的环境保护意识，营造爱护环境、保护环境、建设环境的良好风气。要加大从源头上控制污染的力度，严格控制高污染项目，淘汰高污染行业，彻底改变以牺牲环境、破坏资源为代价的粗放型增长方式，决不能以牺牲环境为代价去换取一时的经济增长。要尊重自然规律，根据自然的承载能力和承受能力规划经济社会发展，坚决禁止各种掠夺自然、破坏自然的做法。我们在抓发展的过程中，一定要高度重视人文自然环境的保护和优化，努力使我们今天所做的一切，能给后人留下赞叹，而不给后人造成遗憾。这是他对生态文明建设的一次集中论述，彰显了中央领导集体对生态环境保护的高度重视。

2005年2月，胡锦涛同志指出："我们所要建设的社会主义和谐社会，应该是民主法治、公平正义、诚信友爱、充满活力、安定有序、人与自然和谐相处的社会。"[①] 他进一步指出："人与自然和谐相处，就是生产发展，生活富裕，生态良好。"[②] 同年12月，国务院作出的《关于落实科学发展观加强环境

---

① 十八大报告辅导读本 [M]. 北京：人民出版社，2012，第12页.

② 十六大以来重要文献选编（中）[M]. 北京：中央文献出版社，2006，第706页.

保护的决定》指出：必须把环境保护摆在更加重要的战略位置。按照全面落实科学发展观、构建社会主义和谐社会的要求，坚持环境保护基本国策，在发展中解决环境问题。努力让人民群众喝上干净的水、呼吸清洁的空气、吃上放心的食物，在良好的环境中生产生活。

2006年10月，党的十六届六中全会通过了《中共中央关于构建社会主义和谐社会若干重大问题的决定》。《决定》指出，民主法治、公平正义、诚信友爱、充满活力、安定有序、人与自然和谐相处，是构建社会主义和谐社会的总要求。可见，社会主义和谐社会中包含着丰富的生态文明建设思想，进一步扩大了中国特色社会主义生态文明建设的科学内涵。

3. 提出建设资源节约型、环境友好型社会

随着全面建设小康社会进程的加快发展，我国成为世界上能源消耗和污染排放的大国。对此，胡锦涛同志深刻认识到切实抓好节约资源、保护环境、改善生态的各项工作对于实现全面协调可持续发展的极端重要性，及时提出了建设资源节约型、环境友好型社会的思想。2005年3月，胡锦涛同志在中央人口资源环境工作座谈会上提出了建设资源节约型、环境友好型社会的战略目标。7月，国务院颁布了《关于加快发展循环经济的若干意见》。10月，党的十六届五中全会通过的"十一五"规划建议，将建设资源节约型、环境友好型社会确定为国民经济和社会发展中长期规划的一项战略任务。

2006年2月，中共中央政治局召开会议，强调要加大产业结构调整、资源节约和环境保护力度，大力发展循环经济，加快建设环境友好型社会。当月，中共中央政治局进行第二十九次集体学习。胡锦涛同志在主持学习时发表讲话，指出要坚持节约资源和保护环境的基本国策，大力发展循环经济，加强资源综合利用，全面推进清洁生产，加大环境保护和生态建设的力度，促进建设资源节约型、环境友好型社会。2006年3月，十届全国人大常委会第四次会议通过的"十一五"规划纲要进一步强调了这一战略任务。2006年10月，党的十六届六中全会再次强调："以解决危害群众健康和影响可持续发展的环境问题为重点，加快建设资源节约型、环境友好型社会。"①

这些重要思想和工作部署，都丰富和发展了生态文明建设的内容。

4. 明确生态文明这一重大理论范畴

随着生态环境问题日益成为人类社会普遍关注的重大时代课题，我们党学习借鉴国外生态学研究的有益成果，积极回应人民群众的强烈关切，提出了生态文明这一重大理论范畴。2007年，党的十七大报告首次明确提出，2020年

---

① 十六大以来重要文献选编（下）[M]. 北京：中央文献出版社，2008，第656页．

实现全面建设小康社会奋斗目标的新要求之一就是："建设生态文明，基本形成节约能源资源和保护生态环境的产业结构、增长方式、消费模式。循环经济形成较大规模，可再生能源比重显著上升。主要污染物排放得到有效控制，生态环境质量明显改善。生态文明观念在全社会牢固树立。"① 建设生态文明首次写入党代会报告，成为党的行动纲领，成为社会主义现代化建设的战略指导思想，标志着我国正式开始生态文明建设征程。

2007 年 12 月，胡锦涛同志在新进中央委员会的委员、候补委员学习贯彻党的十七大精神研讨班上的讲话中指出："党的十七大强调要建设生态文明，这是我们党第一次把它作为一项战略任务明确提出来。建设生态文明，实质上就是要建设以资源环境承载力为基础、以自然规律为准则、以可持续发展为目标的资源节约型、环境友好型社会。从当前和今后我国的发展趋势看，加强能源资源节约和生态环境保护，是我国建设生态文明必须着力抓好的战略任务。我们一定要把建设资源节约型、环境友好型社会放在工业化、现代化发展战略的突出位置，落实到每个单位、每个家庭下最大决心、用最大气力把这项战略任务切实抓好、抓出成效来。要加快形成可持续发展体制机制，在全社会牢固树立生态文明观念，大力发展循环经济，大力加强节能降耗和污染减排工作，经过一段时间的努力，基本形成节约能源资源和保护生态环境的产业结构、增长方式、消费模式。"② 这是对生态文明科学内涵的深刻阐释。

（四）习近平关于生态文明建设的思考与实践

建设生态文明是关系人民福祉、关乎民族未来的大计，是实现中华民族伟大复兴中国梦的重要内容。面对资源约束趋紧、环境污染严重、生态系统退化的严峻形势，党的十八大报告不仅将生态文明建设纳入中国特色社会主义事业总体布局，而且提出了"努力建设美丽中国，实现中华民族永续发展"的奋斗目标。党的十八大以来，以习近平同志为总书记的党中央进一步阐述了生态文明建设的重大时代意义、重要战略部署，丰富和发展了生态文明思想的内涵，指明了中国特色社会主义生态文明建设的奋斗方向。

1. 强调生态环境良好是最普惠的民生福祉

2013 年，习近平在海南考察时强调："良好生态环境是最公平的公共产品，是最普惠的民生福祉"。③ 这一科学论断既阐明了生态环境在改善民生中

---

① 十七大以来重要文献选编（上）[M]. 北京：中央文献出版社，2009，第 16 页.
② 十七大以来重要文献选编（上）[M]. 北京：中央文献出版社，2009，第 109 页.
③ 中共中央宣传部. 习近平总书记系列重要讲话读本 [M]. 北京：人民出版社，2014，第 121~124页.

的重要地位，同时也丰富和发展了民生的基本内涵。2013年4月25日，习近平在十八届中央政治局常委会会议上发表讲话时谈到，"生态环境保护是功在当代、利在千秋的事业，要清醒认识保护生态环境、治理环境污染的紧迫性和艰巨性，清醒认识加强生态文明建设的重要性和必要性，以对人民群众、对子孙后代高度负责的态度和责任，真正下决心把环境污染治理好、把生态环境建设好，努力走向社会主义生态文明新时代，为人民创造良好生产生活环境"。这"两个清醒"认识，深刻揭示了当前我国生态环境问题的严峻性和推进生态文明建设的紧迫性，充分体现了生态文明的民生本质。

2. 提出了绿色发展这一重要发展理念

党的十八届五中全会提出了"五大发展理念"，其中，绿色发展理念，是指导我国生态文明建设的重要思想观念。党的十八届五中全会通过的《中共中央关于制定国民经济和社会发展第十三个五年规划的建议》指出："绿色是永续发展的必要条件和人民对美好生活追求的重要体现。必须坚持节约资源和保护环境的基本国策，坚持可持续发展，坚定走生产发展、生活富裕、生态良好的文明发展道路，加快建设资源节约型、环境友好型社会，形成人与自然和谐发展现代化建设新格局，推进美丽中国建设，为全球生态安全作出新贡献。"这说明，在"十三五"期间，要把生态文明建设贯穿于经济社会发展各方面和全过程，推动形成绿色发展方式和生活方式，协同推进人民富裕、国家富强、中国美丽。

3. 建设美丽中国

习近平在2013年7月18日致生态文明贵阳国际论坛的贺信中指出："走向生态文明新时代，建设美丽中国，是实现中华民族伟大复兴的中国梦的重要内容。"[①]"美丽中国"实现于中国特色生态文明建设中，其最终归宿就是实现中华民族永续发展，建设社会主义生态文明。党的十八大以来，习近平总书记多次强调"美丽乡村"建设的重要思想。2013年7月22日，习近平总书记视察湖北省鄂州市时强调："农村不能成为荒芜的农村、留守的农村、记忆中的故园"。"建设美丽中国、美丽乡村，是要给乡亲们造福，不能把钱花在不必要的事情上。"[②]

① 中共中央宣传部．习近平总书记系列重要讲话读本［M］．北京：人民出版社，2014，第121~124页．

② 李兵．坚持生态优先 建设美丽乡村［J］．红旗文稿，2016（8）．

三、我国生态文明的发展愿景

为建设生态文明必须实现"四个转变"：一、变线性经济为循环经济（生态经济），促成物质经济生态化和非物质经济扩大化；二、改变制度建设和创新的指导思想，以生态学而不是以"资本的逻辑"为制度建设和创新的根本指导思想；三、扭转科技发展方向，由无止境地追求征服力的科技转向以人为本、维护地球生态健康的调适性科技；四、转变思想观念，摈弃科技万能论和物质主义价值观。

实现了这"四个转变"，人类文明将呈现如下愿景。

（1）清洁能源逐渐取代了污染性的矿物能源，如太阳能、氢能、风能、潮汐能等得到了广泛的利用。清洁生产技术迅速发展。循环经济（生态经济）逐渐取代了线性经济。物质经济实现了生态化，且达到稳态，即经济系统与生态系统之间的物质流和能量流被严格限制在生态系统的承载限度之内。非物质经济迅速发展。

（2）随着生态学知识的普及和广为接受，生态学成为制度建设和创新的主导思想。这不意味着"资本的逻辑"被废除了，却意味着生态规律成为制度所优先服从的规律，而不像迄今为止这样，"资本的逻辑"是制度优先服从的"规律"。生态文明的制度将激励物质经济的生态化和非物质经济的扩大化，将促进循环经济的生长发育；将激励人们的可持续消费，支持人们的非商业性交往和非商业性生活方式；将保障财富和资源的公平分配，而不像迄今为止的制度，过分重视保障效率，且偏护以赚钱为主要人生旨趣的人们。这意味着，生态文明的制度更加公平。它不仅中立于各种宗教信仰，而且中立于各种利益集团。迄今为止的制度在很大程度上受所谓的科学——新古典经济学的指导，它打着科学和中立的旗号，实际上偏护以赚钱为人生主旨的人们，即偏护拼命赚钱、及时消费的人们，而漠视甚至排挤梭罗、颜回式的贤人。生态学是比新古典经济学更客观的科学，优先服从生态规律的制度将比迄今为止的优先服从"资本的逻辑"的制度更公平，它不仅保障拼命赚钱、及时消费的人们的基本权利，而且保护甚至奖励梭罗、颜回式的贤人。在现代工业文明中，梭罗、颜回式的贤人被当作怪人或"落后的人"，而排斥在社会的边缘，因而对制度创新产生不了任何影响。在生态文明中，这样的人应对制度创新产生较大影响。也就是说，在生态文明中，不仅像袁隆平那样的优秀科学家和比尔·盖茨那样的优秀企业家会产生重大影响，像梭罗（善于发现精神世界的"新大陆"）和颜回（一心培养美德）那样的贤人也会产生重大影响。

（3）真正以人为本且以维护地球生态健康为主要目标的科技成为主导性

科技。主流科学将不再像现代科学那样，要按所谓"统一科学"的"内在逻辑"去发现自然的"终极定律"，①而将服务于人类对安全和幸福生活的追求，努力倾听自然的言说，发现人类生活应该遵循的"道"（生活之路）。主导性技术将不再像现代技术这样一味扩张征服力，以便"统治星球、石头和天下万物"，而重点转向发现清洁能源，研究清洁生产和循环经济所需的各种技术，探讨维护生态健康的生态技术，等等。

（4）现代性思想中的许多错误被多数人所摈弃，生态学知识得到普及，合理生态主义的基本观念深入人心。现代性思想中与生态文明根本冲突的观念就是科技万能论和物质主义。科技万能论者认为，力倡生态文明的人们夸大了环境危机和生态危机，在他们看来，所谓的环境危机和生态危机只是现代工业文明发展过程中出现的暂时的小问题，随着征服性科技的进步，危机会烟消云散。在他们看来，既不需要什么制度的根本变革，也无从谈什么科技的生态学转向，也不需要改变经济增长模式，唯一需要做的就是加速科技进步。一旦可控核聚变研究成功，则人类就有了取之不尽用之不竭的能源，一旦航天技术有了突破性进展，星际航行成为家常便饭，就不必为保护这小小的地球而忧心忡忡。如果科技万能论者永远占人口的多数，则生态文明建设无望。因为他们绝不会由衷地赞成节能减排，赞成转变经济增长方式，赞成促进生态经济，因为他们根本就不相信生态学。他们所信奉的科学——还原论的、逼近自然"终极定律"的科学与生态学是不相容的。他们会衷心地信奉物质主义，会认为人生的根本意义就在于占有尽可能多的物质财富，在于实现征服自然的野心，在于拥有尽可能大的权力，他们认为，"大量生产—大量消费—大量废弃"的生产生活方式最符合人类的天性。生态文明能否建成，就取决于生态学及其支持的生态主义能否取代科技万能论和物质主义，而成为主流意识形态，取决于信奉生态学和生态主义的人们可否由少数变成多数。生态文明成为现实之时，必是信奉生态学和生态主义的人们成为多数之日。

与其说生态文明代表着一种文明理想，不如说它代表着人类避免灭绝寻求安全的一种生存策略。它是在现代工业文明将人类推近灭亡的边缘时的一种必然选择。建设成生态文明，决不意味着人类建成了人间天堂，从此没有不同思想的分歧和斗争，没有不同阶级或集团的尔虞我诈和生死搏斗，没有罪恶和苦难。生态文明的建成也只标志着人类文明的一次转型，它只承诺人能作为一种追求意义的生物而生活在地球上。

---

① 由蒂文·温伯格著；李泳译. 终极理论之梦［M］. 长沙：湖南科学技术出版社，2003，第194页.

　　大致存在两种生态文明论，一种是修补论，一种是超越论。超越论认为，现代工业文明的整体构成就是反生态的，故只有实现了完全彻底的转型，人类文明才能走向生态文明。超越论看到了现代工业文明的病根，开出了文明转型的良方。从理论上看透这一点是重要的。但在现实中，建设生态文明的事情只能一点一点地做，故修补论也有值得肯定的方面。建设生态文明，我们不能不从保护环境、节能减排、低碳生活做起，不能不从调整产业结构、逐渐改变经济增长方式做起。从前现代文明转向现代文明经历了300多年时间，由现代文明转向生态文明也许要经历更长时间。如果说这是一场文明的革命，那么它便是一场"渐进的革命"。

　　"革命"通常指一个朝代取代另一个朝代的剧烈的政治变动，如"汤武革命""辛亥革命"和"新民主主义革命"。如果"革命"只有这一层意义，则"渐进的革命"就是一个自相矛盾的概念。但"革命"也指某种系统之根本结构的彻底改变，如库恩在《科学革命的结构》一书中所谈论的科学革命。说走向生态文明是一场革命，意指这将是一场彻底改变人类文明之结构的深刻的变革。最终实现了"四个转变"可不是文明结构的根本变革？但这种变革既不可能发生于一朝一夕，又不可能诉诸暴力革命。它只能寄望于从改变自我开始的渐变。它要求人们戒除恋物（广义的）的癖好，明白物质财富只是生活幸福的必要条件，而不是幸福生活本身；它要求人们"认识自己""关心自己"，去发现内心世界的"新大陆"，而不是一味拼命赚钱、及时消费。

　　这场"渐进的革命"只能在民主政治的条件下，通过非暴力的方式而得以实现。衷心信仰生态学和生态主义的人们成为多数，必然要经过一个较长的历史过程，必然要经历生态学、生态主义与科技万能论、物质主义的较长时间的思想斗争。这场革命业已开始。我国已开始发展生态经济，已有不少地方开始建设生态工业园区，我国已颁布了《循环经济促进法》，已提出了建设低碳经济和低碳社会的目标，环境保护法的执行力度有加强的趋势；已有科技人员在研究清洁能源、清洁生产，已有科技人员在致力于生态技术研究；生态学知识正在得以普及，人们的环保意识正日益提高……但建设生态文明不可能是一帆风顺的，在现实中不乏打着建设生态文明的旗号干着反生态文明的事情的人。改变长期以来形成的产业结构和经济增长方式，还需要较长时间，还会受到既得利益集团的或明或暗的抵制；在制度建设和创新领域，生态学的指导地位还远没有奠定，"资本的逻辑"仍在顽强地抵制生态学，GDP至上的思想仍在制约着我们的制度和政策；主流科技仍是努力发现自然"终极定律"和无止境扩展征服力的科技，生态学和环境科学仍处于弱势；科技万能论和物质主义仍有十分强大的影响力，信奉科技万能论和物质主义的人们仍比信奉生态学

和生态主义的人们多。生态文明建设任重而道远。但我们相信：在大自然的警示之下，会有越来越多的人接受生态学和生态主义，摈弃科技万能论和物质主义，人类一定能走出全球性的生态危机，走向生态文明，中国人一定能在生态文明建设中实现中华民族的伟大复兴！

第四章

以美丽中国审视生态文明建设的现实问题与重大挑战

生态安全问题和生态危机恶化人的生活质量、损害人的生存条件，危害经济社会发展的基础和国家安全，阻碍经济社会的可持续发展。应对当代的生态安全问题和生态危机，迫切需要建设生态文明，因为环境生态保护和节约资源能源是生态文明建设的主要阵地和领域，只有通过全面发展生态文明建设，才能从政治、经济、社会、文化和生态等方面要有效解决和化解生态安全和生态危机。

第一节　生态文明建设的现实判断

人类对于生态环境的严重破坏引发了生态危机，使人类生存和发展受到了威胁。生态健康一旦遭到严重破坏，在较长时期内都很难恢复。现代环境污染事件有著名的八大公害事件，它们都集中发生在 20 世纪的五六十年代。

这个时期的环境问题主要集中在生产、生活废水乱排放的地区，很多有毒物质通过食物链进入人体，最终导致人体病变。发生在日本的水俣病事件，就因为河水被重金属汞污染，通过鱼进入人体，从而爆发了疾病。虽然后来禁止了污染水体排入河流，但是水俣病的蔓延仍未停止，因为环境对汞的降解速度很慢。前后有 798 人因此患病，111 人严重残废，实际受害人数至少 2 万人。除患病者之外，该地区 1955 年至 1959 年出生的 400 个婴儿中，有 22 名患有先天缺损症，医生称之为"先天性水俣病"。而这些婴儿的母亲汞中毒的症状极轻，甚至没有症状。婴儿由于含甲基汞的母乳在体内富集，3个月时发生第一次抽搐，以后越来越严重。同时，婴儿智力发育迟缓，严重的还会夭折。而日本富山神通川骨痛病事件也是水污染造成的。

其次就是光化学污染，主要是由于含有有毒物质的工业废气的排放所导致的，著名的伦敦烟雾事件即属于此种类型。当时一些伦敦居民感到呼吸困难，他们流泪、眼睛红肿、咳嗽、哮喘、胸痛胸闷，甚至窒息，有的人发烧、恶心、呕吐。在1952年12月13日的前一周内，已经有2 851人死亡，以后的几周内，又有1 224人死亡，之后两个月内，有8 000多人死亡。事件发生后，英国国内产生了强烈反响。但直到1963年才查明，灾害的原因是由于二氧化硫和烟尘中的三氧化二铁化合生成三氧化硫，被水吸收从而变成硫酸凝聚在雾滴上，进入人的呼吸系统，造成支气管炎、肺炎、心脏病等，从而加速了慢性患者的死亡。此外，还有类似的马斯河谷事件、多诺拉烟雾事件和美国洛杉矶烟雾事件等。

当时人们对八大公害事件的认识还是比较肤浅的，但八大公害毕竟警醒了世人。正是从那个时候起，环境保护受到了越来越多人的重视，并成为人们的共识。后来随着人们认识的深化，人们意识到人类不仅面临着废水、废气排放等问题，还面临着世界性的生态危机，生态危机已经不是某个国家、某个地区可以解决的问题，而是摆在全人类面前的一场深重危机。臭氧层空洞、森林面积锐减、荒漠化日趋严重、粮食危机、淡水危机、能源危机、资源枯竭、物种快速灭绝等都关乎人类生存和发展。

仅能源枯竭问题就十分令人担忧。现代世界经济的发展，包括人类日常生活，都离不开化石能源，但由于化石能源的形成需要很长时间，因此对于人类来说就是不可再生资源，化石能源被过度消耗，能源枯竭的严峻趋势已经可以预见。由于化石能源储量的有限，据国际权威机构估计，世界已探明的可采石油大约可供人类使用41年，天然气60~70年，煤炭约200年[①]。能源枯竭的严峻形势必然对世界各国经济发展造成严重的制约，各国对能源的争夺将日趋激烈，争夺方式也将更加复杂，甚至会威胁世界和平。

另外物种的快速灭绝也到了人类不得不重视的程度。从35亿年前生命的出现直到现在，地球上已经有5亿种生物生存过，绝大多数现已消失。物种灭绝作为地球生命进化过程的自然现象，本是正常的，在漫长的地球历史中物种灭绝的速度极为缓慢。但在过去的500年中，世界上11%的鸟类已经消失，非洲一些地方的类人猿减少了50%以上，亚洲40%的动物和植物将很快消失。

---

① 郑兴，李林蔚. 全球能源危机与安全透析 [N]. 人民日报，2006-02-07（6）.

目前 1/2 的有袋动物、1/3 的两栖动物和 1/4 的果实树种，正濒于灭绝，此外，还有 1/8 的鸟类和 1/4 的哺乳动物依然没有摆脱濒危状况。至 2025 年，全球 2/3 的海龟也将与我们永别。这一切的主要原因就是人类不合理的生产活动，如过度捕杀、乱砍滥伐、环境污染等。生物多样性是生态系统稳定性的基础，物种的加速灭绝也将威胁到人类的生存。

此外，淡水的缺乏已被一句公益广告词形象地描述出来——"人类如果不珍惜水资源，人类看到的最后一滴水，将是人类的眼泪"。仅就中国而言，湖泊和湿地的消失就触目惊心。如我国最大的淡水湖——鄱阳湖，原来面积为 56.5 万平方千米，20 世纪 70 年代开始围湖造田，至今湖面已经减小了一半。云南的滇池从明朝至今不到 400 年时间，就从 513 平方千米减至 300 平方千米。滇池从 20 世纪 70 年代开始受到污染，进入 90 年代，污染速度明显加快，排入滇池的工业废水和生活污水已达 1.85 亿立方米，其中含总磷 1 021 吨，总氮 8981 吨，水质由 70 年代的三类水体变为 90 年代的劣五类水体。大量鱼虾死亡，滇池的生态系统已遭到严重破坏，已失去了自净能力，从而变成了一个"臭湖"加"死湖"。

新中国成立以来，经过 60 多年的建设和发展，我国经济社会建设取得了巨大成就，基本解决了人民群众的温饱问题，使中国特色社会主义事业稳步前进。但是，我们也要清醒地认识到，由于历史负担和人口众多、经济高速增长等，我国生态环境面临着巨大压力，生态问题越来越成为我国的突出问题之一，其主要表现有以下几个方面。

第一，自然生态系统脆弱。我国生态脆弱地区的总面积已达国土面积的 60% 以上。森林资源总量不足，整体生态功能较弱。湿地生态系统退化严重，面积萎缩，生态功能下降。濒危物种不断增加。荒漠化十分严重，沙化、石漠化土地面积大、治理难。根据国家林业局的监测，截至 2009 年底，全国荒漠化土地总面积 261.16 万平方公里，占国土总面积的 27.20%。①

第二，生态灾害频繁发生。由于生态破坏十分严重，如林地流失、湿地破坏、矿产乱采滥伐，我国成为世界上生态灾害最频繁、最严重的国家之一。1954 年、1981 年、1991 年、1998 年我国发生的特大洪水灾害造成了巨大的损失。据统计，1998 年全国受洪水灾害影响达 29 个省市，农田受灾面积 3.18 亿亩，成灾面积 1.96 亿亩，受灾人口 2.23 亿，死亡 3 000 多人，经济损失 1666 亿元。洪水灾害以长江中游地区和松花江、嫩江流域最为严重，甚至引

---

① 国家林业局．中国荒漠化和沙化状况公报［R］．2011-01.

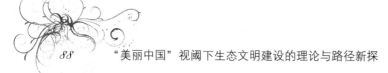

起世界关注。①

第三，生态压力急剧增加。气候变化已经成为国际政治、经济和外交领域的热点问题，对我国经济发展的压力日益加大。而随着时间的推移，温室气体减排、大气净化、水资源需求等压力将进一步加重我国生态系统的负荷。

第四，生态环境差距巨大。目前生态环境差距已成为我国与发达国家最大的差距之一。如我国森林覆盖率比全球平均水平低近 10 个百分点，排在世界第 136 位；人均森林面积不足世界平均水平的 1/4；人均森林蓄积量只有世界平均水平的 1/7；单位面积森林生态服务价值，日本是我国的 4.68 倍。②

正是由于以上生态环境问题的产生，如何保护生态环境才成为人民群众最为关心的热点问题之一。《中共中央国务院关于加快推进生态文明建设的意见》（2015 年 4 月 25 日）指出，"总体上看我国生态文明建设水平仍滞后于经济社会发展，资源约束趋紧，环境污染严重，生态系统退化，发展与人口资源环境之间的矛盾日益突出，已成为经济社会可持续发展的重大瓶颈制约。"

第二节 生态文明建设的重大挑战

一、经济增长与发展对我国生态安全的威胁短期内很难消除

（一）经济的持续高速增长造成严重污染

改革开放近 40 年，我国经济年均增长率达到 9.8%，但是支撑这种经济增长的却是"高投入、高消耗、高污染"的发展模式。从数据来看，2007 年中国的国内生产总值（GDP）占全球国内生产总值的 6%，但却消耗了全球 15%的能源、54%的水泥和 30%的铁矿石；中国 500 个大型城市中，只有不到 1%达到了世界卫生组织的空气质量标准；中国目前固体废弃物总量约占世界总量的 25%；2007 年，中国使用化石燃料产生的温室气体总排放首次超过美国，这使得中国成为世界最大的温室气体排放国，而国家每年虽然为治理这类工农业生产造成的严重的水污染、土地污染、大气污染、固体废弃物污染支付了高额成本，但是与不断增长的发展需求和城市化的推进带来的后续环境问题相抵

① 杨朝飞. 中国 1998 年的三大生态灾害 [J]. 中国环境管理. 1998（6）.

② 国家林业局. 推进生态文明建设规划纲要（2013—2020 年）[R]. 2013-09.

消之后，收效只能是局部改善，整体前景堪忧。

（二）经济结构不合理激化了经济发展与环境资源的矛盾

根据我国第二次经济普查统计数据，我国经济结构存在一些突出问题，如服务业发展明显滞后于其他国家，城镇化发展水平偏低，经济增长呈现明显的粗放型。造成第三产业发展滞后的直接原因是我国城市化水平落后和与此相应的城市发展的不足。城市化率偏低不仅影响着产业结构的升级，也影着区域经济协调发展。此外，我国经济增长"三高一低"的状况尚未得到根本扭转。根据"十二五"规划中期评估，中国单位国内生产总值能耗、单位国内生产总值二氧化碳排放、氮氧化物排放总量减少指标完成情况滞后，节能减排形势严峻，任务艰巨。而当前我国大部分区域还处在工业化、城镇化中期甚至初期，经济社会发展短期内难以摆脱对资源环境的依赖，这意味着后续发展中资源环境刚性需求依然过大。因此，经济发展与资源环境的矛盾，是我国经济结构调整要长期面对的重大挑战。

（三）推动经济增长的能源类型单一化导致严重环境污染

在我国能源消费结构中，以煤为主的能源消费构成，是造成严重环境污染，特别是造成大气污染的重要因素。燃煤排放的主要大气污染物，如粉尘、二氧化硫、氮氧化物、一硫化碳等，对我国城市空气质量构成了严重威胁。同时，大量化石能源燃烧产生的二氧化碳等温室气体也是造成全球气候变化主要原因。

（四）快速发展的城市化进程将加剧能源资源紧张

城市化发展水平越高，其拉动经济增长和创造就业机会的潜力也就越大，所以城市化对于中国未来的发展极为重要。但它同样会带来各种环境问题，包括大气污染和水污染、噪声污染、固体废弃物污染以及温室效应等。同时，随着城市规模的扩大和人口的增加，城市周边高质量农业用地减少，木材、水、电、天然气需求量大等资源能源的短缺压力也会凸显，并从整体上影响城市生态环境安全和可持续发展。

二、人口问题对我国可持续发展造成长期并且强大的压力

（一）对土地与粮食的压力

我国的土地资源条件很不均衡，存在较严重的人均性短缺与结构性短缺，

实际可供农、林、牧使用的平均土地面积不到70%。其中可利用土地也具有分布不均、自然生产能力地区差异较大的特点。此外，人口增长造成的对农产品需求的压力也转嫁到土地资源的使用上，造成对土地资源的过度开发和土地环境的污染破坏。而耕地资源数量的减少与土地质量的下降，不仅直接影响土地的生产力，而且对人居环境的危害也相当严重。这是中国农业生产和经济社会可持续发展中面临的严峻挑战。

（二）对森林与草原的压力

我国森林资源面积蓄积量大，但人均占有量小，资源分布极不均衡。林种结构和林龄结构也不合理，林地利用率低、生产力低，且由于经营粗放，管护不当，森林资源屡遭不合理采伐，加上自然灾害破坏，残次林比重较大。这种森林资源现状与不断增长的人口对木材的巨大需求形成强烈落差，森林资源供求矛盾十分突出。草原方面，随着牧区人口的快速增长，我国原生草原超载放牧和过度开垦的现象十分严重。据农业部发布的《2014年全国草原监测报告》显示，近年来通过不断加大草原建设保护力度，我国天然草原利用逐步趋于合理，草原利用超载率逐步下降，但是目前全国重点天然草原的平均牲畜超载率仍为15.2%。其中，西藏、新疆、四川、甘肃等地均超过平均数2个百分点以上。同时草地资源退化、沙化、盐渍化形势仍然十分严峻，草原成为荒漠化的主体和沙尘暴的主要发源地。而森林和草原的破坏，又加剧了水土流失的问题。因此，森林的开采、草原的沙化和水土的流失与人口增长有直接的关系。

（三）对矿产与能源的压力

我国的矿产能源储量在世界上均居前列，但是由于人口众多，人均占有量仍然偏低，而且随着经济的快速发展和城市化进程的推进，矿产能源供需矛盾还将进一步加剧。同时，由于技术条件限制和管理尚不健全等原因，矿产能源开采效率较低，开采利用过程中所产生的环境污染问题严重等，都是制约中国社会经济可持续发展的重要因素。

（四）对水资源的压力

我国水资源总量虽然不少，但是存在地域分布不均衡，东多西少、南多北少；季节分配差异大，夏秋多、冬春少的结构性短缺问题。且资源分布地区生态环境恶劣，也造成了开发利用上的困难。随着社会经济的快速发展，人口增长带来的水资源相对短缺与供需矛盾更为突出，而由于人口及经济活动所导致的水体污染问题也非常严重。

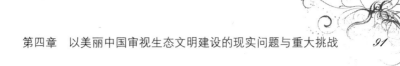

（五）对社会经济发展的压力

从第六次全国人口普查结果来看，由于人口基数过大，人口总量仍然持续增加；老龄化进程逐步加快，60 岁及以上人口占全国总人口的 13.26%，老年健康和保障问题面临严峻挑战；适龄劳动人口达 9 亿多人，占全国人口的 70%以上，加之城镇人口比重大幅上升，流动人口不断增加，构成中国就业市场的巨大压力和社会管理的困难；人口总体素质不高，性别比失衡，劳动力供需结构性矛盾明显。人口健康水平、人均受教育程度、人们的道德心理等方面均存在一些突出问题。此外，"按照 2011 年中国制定的新的农村贫困标准（农村居民年人均纯收入 2 300 元），扶贫对象尚有 1.22 亿人，且大多生活在自然条件恶劣的区域，消除贫困任务极为艰巨"①。这对国家社会保障的能力、水平以及公共卫生预防保健体系的健全、高效都提出了严峻的挑战。

三、资源条件与生态环境现状对可持续发展已构成瓶颈制约

作为当今世界第二大经济体，一方面我国拥有全球最多的人口，经历着最大规模的工业化和城镇化进程；另一方面受国际贸易格局与国际分工的限制，我国经济整体处于全球产业链的低端，以资源、能源和污染密集产业及产品为主，两方面的因素共同作用导致我国成为世界最大资源消耗国和污染排放国。经济社会的进一步发展对资源的可持续利用与生态环境的可持续支撑有着迫切的要求，然而地球资源环境的承载力是有限的，且我国的资源环境禀赋并不优越，加上长期以来粗放型的经济增长方式对资源环境产生的巨大消耗和破坏，目前的形势很不乐观。

一方面，资源禀赋先天不足与后天取用不当致使资源短缺矛盾激化。由于人口众多，我国人均水资源量、耕地面积只占世界平均水平的 1/4、1/3，人均煤炭、石油、天然气等战略性资源仅为世界平均水平的 69%、6.2%、6.7%。而森林方面，质量差、林种单一、利用率低。现有可开采森林资源不足 20 亿立方米，按现在的消耗水平，只能维持不到 10 年。随着人口的继续增加和城市化进程的持续推进，这种资源短缺的趋势还将进一步增强，保证程度总体呈现下降趋势。同时，由于受到地理性、技术性、管理性等因素影响，资源的开采与利用存在潜力有限、成本高、效率低等问题，从而加重了资源能源的紧缺压力。

另一方面，生态系统退化严重，生物多样性面临威胁。由于全球气候变化

① 中华人民共和国可持续发展国家报告 [M]. 北京：人民出版社，2012，第 5 页.

以及一些地区不合理的开发活动，我国大部分重要生态功能区的生态环境继续恶化。随着生态状况的持续恶化，我国原有的生物多样性优势正在逐步丧失，野生动植物濒危程度不断加剧，约44%的野生动物数量呈下降趋势，裸子植物、兰科植物的濒危程度达到40%以上。加上外来物种的入侵，我国生态系统结构和功能的完整性、健康性正面临严重威胁。

随着城市化的发展，新的污染问题接踵而至，它们与常规污染物产生叠加反应，形成复合型污染，加重了环境治理的难度。目前，我国的汞污染十分严重，大气汞污染、土壤汞污染都远远超过标准值；对人体健康影响较大的工业污染排放中的持久性有机污染物和有毒污染物、工业生产以及垃圾填埋造成的挥发性有机化合物等的排放量逐年上升；重金属污染、土壤污染、电子垃圾等问题也非常突出。

不难看出，当前我国存在的严重的自然资源匮乏、生态环境恶化问题，不仅成为制约社会经济进一步发展的瓶颈，而且对民众的生存境况造成了直接威胁。

第五章

以美丽中国探寻生态文明建设的思想渊源及理论基础

生态文明理论的产生是一个辩证发展的历史过程，是对以往生态思想的继承、发展与创新。生态文明思想继承了中国传统文化中的精华、西方社会中的优秀生态思想以及马克思主义理论中涉及生态环境的基本内容。在此基础上，生态文明理论再与中国的具体国情相结合，以解决和谐社会建设中的生态问题为契机，立足于中国乃至整个人类社会可持续发展的基点之上，实质上生态文明理论是对科学社会主义理论丰富和完善，其体现马克思主义理论与时俱进的良好品质。

第一节　思想渊源——中国传统文化中的生态思想

中国的传统文化是世界文化宝库中一颗璀璨的明珠，其博大精深，领域宽广，儒、道、佛三家是其中最重要的组成部分。在儒、道、佛三家深邃思想中，都包含有丰富的生态思想，老祖宗的这些生态思想是生态文明建设的重要理论来源之一。

一、儒家的天人合一、仁民爱物思想

（一）儒家文化及其"天人合一"思想

以孔子为代表的儒家学说，重视血亲人伦和现世事功，追求道德完善与实

用理性，反映了东周时代人们追求安定生活的普遍社会心理。春秋战国时代，"礼乐征伐自诸侯出"，"天下无道"，四海幅裂，神州板荡，孔子看到礼崩乐坏的不堪现实，遂致力于恢复周代的礼乐制度，希望借此能够推进社会秩序的良性生成。孔子学说的源头在于中国上古传说，将唐尧虞舜三代社会美化到极致。尧舜禹汤文武都是圣明天子，代表了最伟大的人格，足以成为万世楷模。贤人政治是孔子的理想政治设计蓝图，德政、礼治是儒家认定的实现国泰民安的良方。孔子之后，儒家分为八个流派，其中对后世产生重要影响的是经过曾子、子思三传至孟子的那一支派。有"亚圣"之称的孟子进一步发展了孔子的仁爱思想，他主张实行王政，让破产的农民得到土地，并营造一个比较安定的生产环境，具有浓厚的富民思想。孟子主张恢复井田制度，希望借此从根本上解决土地问题。荀子又对儒家思想做了一些改动，尤其是当时的社会现实让他认识到法治手段的必要性，这与孔子视法治为"猛于虎"的苛政已有根本性的改变。从孔子到荀子，儒家的"王道"思想主张在当时显得过于理想化，缺乏现实实践性，因此不能成功。秦朝覆灭之后，西汉王朝建立，儒家学说得以在一个和平环境里实施。儒家著作逐渐成为当时的经典，尤其是到了汉武帝时代，封建经济已高度发展，强大的中央集权政府需要从文化上统一全中国。正所谓"王者功成作乐，治定制礼"。时代呼唤以维系尊卑贵贱的宗法等级制度为宗旨、长于制礼作乐的儒家文化来统一人们的思想。董仲舒以儒学为中心，借鉴了道家哲学和阴阳五行思想，通过注释儒家经典来全面阐述他的"三纲五常"理论，宣扬"君权神授"的天命观念，从此"罢黜百家，独尊儒术"。在先秦儒学、两汉经学之后，儒学发展的第三个高峰是宋明理学。宋明理学糅合了儒、道、佛的理论精髓，将人的自我完善放在首要位置，强调"存天理，灭人欲"的极端重要性，对人与人之间的相互关系作了深入的研究，一系列在中国文化史和中国思想史上产生重要影响的道德规范和修身养性方法，就是在那时产生的。此后，儒家文化发展从高峰走向低谷，渐趋式微。尤其至五四新文化运动之际，"打倒孔家店"的口号响彻云霄，儒家文化成为封建文化的代名词。直到 20 世纪 80 年代以后，随着世界经济格局的重新调整，海外新儒学运动重新振兴，儒家文化日益受到重视，在传统文化的现代转换过程中显现出日益重要的思想意义和文化价值。

　　"天人合一"是"天人合德""天人相交""天人感应"等众多表现形式的统称，是人与自然之间和生和处的终极价值目标。孔子"天人合一"思想的实现，依靠的是"中"的法则的指导，自然与人在"中"之法则的指导下发生联系，趋向统一。孟子的"天人合一"是"尽心、知性、知天"和"存心、养性、事天"的"天人合一"。"尽其心者，知其性也。知其性，则知天矣。存其心，养其性，所以事天也。"（《孟子·尽心上》）董仲舒的"天人合一"思想则明显地带有了政治需要的痕迹，是"人格之天"或"意志之天"。"人副天数""天亦有喜怒之气，哀乐之心，与人相副。此类合之，天人一也。"（《春秋繁露·阴阳义》）宋明时期程明道："天人本不二，不必言合"；朱熹："天道无外，此心之理亦无外"；陆象山："宇宙即吾心，吾心即宇宙"。在这里，人就是天、天就是人，人与天达到了同心同理的"天人合一"的境界。"天人合一"的"天"可以分为"主宰之天""自然之天"和"义理之天"。"主宰之天"与人们观念中的"神""上帝"相一致。董仲舒"天人感应"之"天"含有"主宰之天"之意。"自然之天"是"油然作云，沛然作雨"的天，是"四时行焉，万物生焉"的天。"义理之天"是具有普遍性道德法则的天。"惟王其疾敬德，王其德之用，祈天永命。"（《尚书·召浩》）君主应该崇尚德政，以道德标准来判断是非，才是顺天应命，才能够得到"天"的护佑。宋明时期的"理学之天"实际上是对孔孟"义理之天"的进一步发挥，所以，"理学之天"基本上就是"义理之天"。在上述关于"天"的三种解释中，"义理之天"占据了主要位置，它为人们的生产生活提供各种伦理道德规范，是文化世界的一部分。"主宰之天"和"自然之天"也为人们提供适应社会生活的各种伦理价值，即人的社会政治活动受制于自然法则，自然法则含有社会伦理学的因子。[1] 天人合德是儒家天人合一思想的第一种重要形式。儒家认为动植物是人类的生存之本，而这些动植物资源又是有限的。荀子肯定了自然资源是人类赖以生存和发展的物质基础："夫天地之生万物也，固有余足以食人矣；麻葛茧丝鸟兽之羽毛齿革也，固有余足以衣人矣。"（《荀子·富国》）"故天之所覆，地之所载，莫不尽其美，致其用，上以饰贤良，下以养百姓而安乐之。"（《荀子·王制》）对大自然不能够采取杀鸡取卵、涸泽而渔的态度，一旦这些资源枯竭，人类也会自取灭亡。自然资源的有限性和人类需求的无限性构成了矛盾统一体，二者既相互对立，也相互统一，限制其矛盾性的方面，发展其统一的方面，只能在相互影响与促进的过程中共同发展。

（二）"天人合一"思想的生态智慧

儒家的"天人合一"思想包含着丰富的生态智慧，它为人自身的道德修养规定了合理的尺度，体现出整体性的思维方式，开辟出通过适度活动达到天人和谐的现实路径，把握了生态保护的自然规律。

---

[1]　陆自荣. 儒学和谐合理性［M］. 北京：中国社会科学出版社，2007，第40~43页.

第一，儒家"天人合一"思想为人自身的生态道德修养规定了合理的尺度。中国传统社会是一个特别注重道德修养的社会，道德理想和人生修养在漫长的历史发展过程中，始终是儒家学说论述的主要内容。人的道德实现一直是传统中国人的人生实践意义，以及人的价值实现的全部内容。儒家进而将道德人格从社会生活实践中进一步扩充延伸到政治生活领域，倡导"修身齐家治国平天下"，由此表现出传统社会浓郁的伦理政治特征。儒家"内圣外王"的以道德修养作为人生根本的思路，决定了"天人合一"思想在解决外在的自然界存在的问题时，不得不带有强烈的内在道德色彩。正如张世英所指出的："儒家的天人合一本来就是一种人生哲学，人主要地不是作为认识者与天地万物打交道，而是主要地作为一个人伦道德意义的行为者与天地万物打交道，故儒家的'天人合一'境界是一个最充满人伦意义的境界，在此境界中，哲学思想与道德理想、政治理想融为一体，个人与他人、与社会融为一体。"① 儒家终其一生都致力于道德修养，那么人生道德修养的最高境界是什么？道德修养的终极价值尺度是什么？在儒家看来，这种最高境界和终极价值尺度就是"天人合一"。儒家的"天人合一"学说在这个方面具有丰富的生态思想资源可供开发和利用。

第二，儒家"天人合一"思想萌生了生态保护的整体意识。儒家"天人合一"思想的整体性思维表现在两个方面：一方面，儒家强调人与自然的混沌一体；另一方面，儒家也认为思维主体和思维客体是混沌不分的。这种整体性思维方式有其产生的社会根源，传统社会的经济基础是农业经济，科技发展缓慢，由于人们对自身内部结构无法认识清楚，于是便将自身的认识局限在德性修养的领域之内。而对于外界的认识，则容易将万物与"天"联系起来，"天"在传统历史中就成为解释一切的终极原因。这与今天社会中人与自然的深刻的、绝然的分化对立是截然不同的。《周易》把阴阳矛盾的对立统一看作自然界和人类社会发展的基础，由阴阳交感而化生万物，气化凝结生成万物，"一阴一阳之谓道"就是这种认知的理性提升和总结。以孔孟为代表的儒家将天、地、人看成世界、宇宙中的统一整体，其中的各个元素的变化都影响、制约着其他元素的发展，这种整体性思维方式无疑对我们当下的生态文明建设具有重要的启示性价值。

第三，主张通过适度发展最终实现动态的和谐。在儒家"天人合一"的哲学观念看来，"人与自然是统一和谐的整体，二者彼此相通，一荣俱荣，一损俱损。人与自然混为一体。人性与天道和谐一致"。儒家文化视宇宙为一个

---

① 张世英. 天人之际 [M]. 北京：人民出版社，1995，第186页.

统一的生命大系统，天、地、人都有自己的生长和发展规律。孔子说："喜怒哀乐之未发，谓之中，发而皆中节，谓之和。中者天下之大本也，和者天下之达道也，至中和，天下位焉，万物育焉。"荀子认为，"万物各得其和以生，各得其养以成"，天地万物皆为一体，互相关联。适度是儒家"天人合一"思想的实践原则。《中庸》提倡"执两用中""中和"。孔子主张中庸，孟子主张适度，"可以仕则仕，可以止则止，可以久则久，可以速则速"。通过适度发展最终实现动态的和谐，这是儒家整体性思维中关于未来社会发展的理想图景。

第四，发现了保护生态良性发展的规律和原则。孔子说："道千乘之国，敬事而信，节用而爱人，使民以时。"（《论语·学而》）"节用爱人""使民以时"就是对自然资源和人力资源的合理使用，他反对对自然资源进行掠夺性的过度开发和利用。孟子说："不违农时，谷不可胜食。数罟不入洿池，鱼鳖不可胜食也。斧斤以时入山林，材木不可胜用也。谷与鱼鳖不可胜食，材木不可胜用，是使民养生丧死无憾也。养生丧死无憾，王道之始也。五亩之宅，树之以桑，五十者可以衣帛矣。鸡豚狗彘之畜，无失其时，七十者可以食肉矣；百亩之田，勿夺其时，数口之家可以无饥矣；谨庠序之教，申之以孝悌之义，颁白者不负戴于道路矣。"（《孟子·梁惠王》）在掌握大自然规律的基础上，我们要合理开发和利用资源，才可以保证生态良性发展。荀子主张："不夭其生，不绝其长"，这是人对于大自然的"仁"，最终其实也是对自己的"仁"。斧斤不入山林、数罟不入洿池、四季不失时等，人类在某些方面的有所"不为"，才能保证天人关系的和谐。儒家思想家的这些主张，根源于他们对生态良性发展重要性的正确认知，根源于他们对生态良性发展规律的正确把握，这些保护生态资源的举措在当下仍然不失其现实意义。

（三）"仁民爱物"思想及生态诉求

从持续发展和永续利用的基点出发，儒家萌生了"爱物"的生态理念，主张爱护自然界中的动植物，有限度地开发利用资源，反对涸泽而渔式的破坏性使用。孟子进一步阐发了孔子的"仁爱"思想，提出了"君子之于物也，爱之而弗仁；于民也，仁之而弗亲。亲亲而仁民，仁民而爱物"（《孟子·尽心上》）。孟子认为，道德系统是由生态道德和人际道德组成的。即爱物与仁民，是一个依序而上升的道德等级关系。① 何谓"义"（道德）？"夫义者，内节于人而外节于万物也"（《荀子·强国》）。把外节于万物的生态道德和内节

---

① 张云飞. 试析孟子思想的生态伦理学价值［J］. 中华文化论坛，1994（3）.

于人的人际道德看成是道德统一体的两个不同方面，并且把它们的关系定位于道德的外与内的关系，说明儒家不仅重视人际道德，而且提出来德与物之间不可分割的联系。因而，将义运用到人际关系上表明的是对人与人之间产生的行为关系的规范和评价，这是人际道德固属于内；而将义运用到人与自然的关系上表明的是对人与自然之间产生的行为关系的规范和评价，这是生态道德固属于外。《易传》中"君子以厚德载物"的思想启发人们应该效法大地，把仁爱精神推广到大自然中，以宽厚仁慈之德包容、爱护宇宙万物，践行"与天地合其德"与"四时合其序"的价值观。孔子主张"钓而不纲，弋不射宿"，反对使用灭绝动物的工具，提倡动物的永续利用，含有"取物不尽物"的生态道德思想。

荀子明确提出了以"时"来休养生息，保护自然资源的思想："春耕夏耘秋收冬藏，四者不失时，故五谷不绝，而百姓有余食也……斩伐养长不失其时，故山林不童，而百姓有余材也"（《荀子·王制》）。同时提出了关于环境管理的"王者之法""山林泽梁以时禁发而不税"（《荀子·王制》）的思想。所谓的"以时禁发"，就是根据季节的演替来管理资源的开发和利用。曾子曰："树木以时伐焉，禽兽以时杀焉。夫子曰：断一树，杀一兽，不以其时，非孝也"（《礼记·祭义》），就是按照季节变化和动植物的生长规律有节制地砍伐和畋猎。[1] 荀子注重从政治制度上管理自然资源，要有专门的环境保护的机构和官吏，王者之治和王者之法才能够有可靠的保证。只有环保机构和主管人员认真贯彻执行自然保护条例，才能够达到"万物皆得其宜，六畜皆得其长，群生皆得其命"（《荀子·王制》）的天人和谐的理想境界。

二、道家的自然无为、天地父母思想

"自然无为"是老庄哲学的基本要义，自然无为指的是人类"复归其根"自然属性的反映。它要求人们以"自然无为"的方式与自然界进行交流，从而实现顺应天地万物的状态。"人法地，地法天，天法道，道法自然。"（《老子》第25章）"道恒无为而无不为"（《老子》第37章）。"道"把"自然"和"无为"作为它的本性，既有本体论特征，也有方法论意义。这里的"自然"既是"人"之外的自然界，也是"人"生命意义的价值所在。而"道"是人性的根本和依据，决定了人性本善的归宿，是人自然而然的存在，体现出老庄哲学中深刻的人文价值关怀。这里的"无为"，既是对根源于"道"的自然本体属性的认识，也是对人的内在的自然本体属性的认识。"无为"思想体

---

① 乐爱国. 道教生态学 [M]. 北京：社会科学文献出版社，2005，第41~45页.

现出了老庄思想的矛盾性，矛盾的统一性表现在个体的自然本性与"道"的本质属性的同一性，矛盾的对立性表现在个体的社会属性与"道"的对立性，即人的"有为"与"道"的"无为"的对立。既然"无为"是"道"的本质属性和存在方式，那么，"无为"也是自然界的本质属性和存在方式，这里的自然界包括了人类在内。人类要想"复归其根"，与"道"合而为一，"自然无为"是根本的途径。(《老子》第 25 章)"道"对于天地万物是无所谓爱恨情仇的，植物的春生夏长，动物的弱肉强食，气候的冷暖交替等都是自然现象。道家的"无为"并不是什么都不干，躺在床上等死的颓废，而是一种"无为即大为"的境界，是一种更高层次的"为"。道家的"有为"则是指无视自然本性的"妄为"。"妄为"远离了人的自然本性，靠近了人的功利和狭隘，不可避免地导致人本性的异化，诞生大量的虚伪与丑恶。单纯地从保护生态环境的角度来论证"道法自然"的思想是朴素的、有限的，但它所蕴含的人与自然和谐共生的积极理念，则为我们解决生态危机提供了新的哲学基础，而现代工业文明所缺乏的恰恰是这种思想。

道家把天与地比作父与母，于是就有了"天父地母"的说法，"一生天地，然后天下有始，故以为天下母。既得天地为天下母，乃知万物皆为子也。既知其子，而复守其母，则子全矣"。并且"地者，乃大道之子孙也。人物者，大道之苗裔也"①。道家借用父母与子女的关系来比喻道与天地、万物的关系。道家把天地这个大自然系统看成是有生命活力的有机整体，并且表现出人格意志的思想特征，其中包含着明显的生态伦理意蕴。天地万物和人之间的关系如同家长和子女的关系，人作为子女理应承担起照顾好作为父母的天地自然，承担起作为家庭成员应有的伦理责任。

天地生养万物，是人类衣食之源，生存之本，按照此理推论，人类对天地应该始终抱有感恩之心。但是，残酷的社会现实告诉我们，有些人正反其道而行，他们深穿凿地，大兴土木，破坏天地的自然面貌，深挖黄泉之水。"凡人为地无知，独不疾痛而上感天，而人不得知之，故父灾变复起，母复怒，不养万物。父母俱怒，其子安得无灾乎？"② 利奥波德在《沙乡年鉴》中对大地的看法："至少把土壤、高山、河流、大气圈等地球的各个组成部分，看成地球的各个器官，器官的零部件或动作协调的器官调整，其中的每一部分都具有确定的功能。"③ 生态女权主义者卡洛琳·麦茜特："地球作为一个活的有机体，

---

① 无名氏. 太上老君常说清静经注 [M].《道藏》第 17 册，第 148 页.
② 王明. 太平经合校 [M]. 北京：中华书局，1979，第 115 页.
③ 雷毅. 生态伦理学 [M]. 西安：陕西人民教育出版社，2000，第 128 页.

作为养育者母亲的形象，对人类行为具有一种文化强制作用。即使由于商业开采活动的需要，一个人也不愿意戕害自己的母亲，侵入她的体内挖掘黄金，将她的身体肢解的残缺不全。只需将地球看成是有生命的、有感觉的，对她进行毁灭性的破坏行动就应该视为对人类道德行为规范的一种违反。"① 道家对人们不加节制地开采地下水，破坏自然的现象表示了担忧，"天下有几何哉？或一家有数井也。今但以小井计之，十井长三丈，千井三百丈，万井三千丈，十万井三万丈。……穿地皆下得水，水乃地之血脉也。今穿子身，得其血脉，宁疾不邪？今是一亿井者，广从凡几何里？"② 在传统的农耕社会里，上述行为产生的危害是区域性的，不具有整体性，但在现代社会中，为了开采矿山而穿凿土地以及污染地下水的行为却对整个水生态循环系统产生了破坏性影响。

三、佛教的"众生平等"思想

（一）佛教文化

佛教是世界三大宗教之一，产生于公元前6世纪的印度，创始人是乔达摩·悉达多。佛教的基本理论包括四谛说、十二因缘说、业力说、无常说和无我说等。佛教教义的核心，宣扬人生是一场漫长的苦难旅程，只有信奉佛教，加强修炼，才能上升至视世界万物和自我为"空"的境界，由此才能摆脱世间痛苦，以灭绝欲望的方式实现"涅槃"。佛教修行的方式是"戒"——约束身心；"定"——增强磨炼受苦的能力；"慧"——达观镇静。范晔《后汉书》记载："世传明帝梦见金人长大，项有光明，以问群臣。或曰：'西方有神，名曰佛，其形长丈六尺，而黄金色。'帝于是遣使天竺，问佛道法，遂于中国图画形象焉。"佛教从东汉初期开始传入中国，后来经过长期的传播发展，最终形成具有中国民族特色的中国佛教，对中国知识分子和普通民众产生过长期的重要的深远的影响。尤其是因果报应、三世轮回思想，在庙堂和民间社会都产生过深刻影响，某种程度上已经内化为中国文化的重要基因。

古印度佛教主要分为两大门派，一派是大乘佛教；另一派是小乘佛教。

大乘佛教以拯救众生为志趣，只有当一切生灵皆脱离苦难成佛之后，自己才能成佛。小乘佛教主张通过自己的修行，斩断人间烦恼，超脱生死之忧，就可以成为"阿罗汉"。到隋唐以后，小乘佛教在中国日趋式微。真正在中国兴

---

① ［美］卡洛琳·麦茜特著. 自然之死——妇女、生态和科学革命［M］. 吴国盛等译. 长春：吉林人民出版社，1999，第3~4页.

② 王明. 太平经合校［M］. 北京：中华书局，1979，第115~119页.

旺发达的八个宗派，都属于大乘佛教系统。这八个宗派分别是：律宗、密宗、禅宗、三论宗、天台宗、华严宗、法相宗、净土宗，简称"八宗"。

东汉以后，由于传入中国的时间、路径、地区各异，加上各民族文化、社会历史、语言环境等条件的不同，佛教在中国逐渐形成为三大派系，即汉地佛教（汉语系）、藏传佛教（藏语系）、云南上座部佛教（巴利语系）。

汉地佛教。佛教传入中国汉族地区，起源于东汉明帝时期从西域取回佛教经典著作《四十二章经》。当时佛教的传播地域主要在长安、洛阳一带。

洛阳白马寺是中国最早的寺院，也称中国佛教的"祖庭"。"金人入梦白马驮经；读书台高浮屠地迥"，东汉时期绝大多数的佛经都是在白马寺翻译过来的。"南朝四百八十寺，多少楼台烟雨中"，佛教在魏晋南北朝时期得到持续发展，佛教信众激增，佛塔、寺院遍布丛林。此期佛教石窟艺术达到巅峰状态，举世闻名，如敦煌、云冈、龙门等地的雕塑、壁画，堪称世界艺术瑰宝。在佛经翻译方面，鸠摩罗什、法显等名僧辈出。梁武帝笃信佛教，在位14年曾经四度舍身为寺奴，当时共有寺院2 860所，僧尼82 700余人。唐朝是中国佛教发展的鼎盛时期。唐太宗时期高僧玄奘西行求法，历时19年，长途跋涉5万余里，前往印度取回佛经，并在大雁塔翻译出佛经75部1 335卷，还写出了记载其艰辛求法经历的《大唐西域记》。北宋、南宋时期，佛教持续发展。元朝蒙古民族崇尚藏传佛教，对汉地佛教也采取了保护政策。明太祖本身就曾经做过僧人，即位后自封"大庆法王"，宣扬佛法。清朝皇室崇奉藏传佛教，汉语系佛教仍在民间流行。晚清至民国时代，杨文会、欧阳竟无、大虚、康有为、谭嗣同、章太炎、梁启超等都曾经研究过佛学，将中国佛学研究提升至新的高度。

藏传佛教。藏传佛教俗称"喇嘛"教。藏语"喇嘛"意为"上师"。藏语系佛教始于公元7世纪中叶，藏王松赞干布迎娶尼泊尔尺尊公主和唐朝文成公主时，两位公主都带去了佛像、佛经。松赞干布在两位公主的影响下皈依佛教，建筑了大昭寺和小昭寺。8世纪中叶，佛教从印度传入西藏地区。10世纪后期，藏传佛教正式形成。13世纪开始流行于蒙古地区。此后发展成为各具特色的分支教派，它们普遍信奉佛法中的密宗。在西藏，上层喇嘛逐步掌握了地方政权，最终形成政教合一的藏传佛教。西藏最著名的佛教建筑是布达拉宫。

云南上座部佛教。公元7世纪中叶，佛教从缅甸传入中国云南，形成云南上座部佛教。云南上座部佛教流传于云南省傣族、布朗族等居住区，其佛教传统信仰与南亚佛教国，如泰国、缅甸等大致相同。

魏晋南北朝以来的中国传统文化，已经无可争辩地带上了佛教文化的影响印迹，儒道佛三家汇合已成为中华文化的发展主流。佛教蕴藏着深刻的人生智慧，"它对宇宙人生的洞察，对人类理性的反省，对概念的分析，有着深刻独到的见解"：在世界观上，佛教认为世间万物都处在无始无终相互联系的因果网络之中；在人生观上，佛教提倡将一己的解脱与拯救人类结合起来。① 在中国文学、艺术、哲学、语言、思想史等领域，佛教文化的影响几乎无处不在。

（二）佛教的"众生平等"思想及其生态学意义

"众生平等"是佛教的一个基本观念，产生于公元前6—5世纪的印度佛教。当时的印度思想界被婆罗门教所主宰。婆罗门教推行种姓制度，在诸种姓中婆罗门位于第一，下等种姓要绝对服从上等种姓。这种等级观念在普通民众的心灵深处根深蒂固，一直持续到佛教产生后才发生了明显的改变。早期佛教徒主要来源于印度四种姓中的刹帝利和吠舍阶层，他们反对婆罗门教的种姓制度和等级观念，认为人所出生时的阶层属性并不能决定其身份的高低贵贱，"众生平等"，人人皆可以通过修行最终成为贤人。《别译杂阿含经》云："不应问生处，宜问其所行，微木能生火，卑贱生贤达。"《长阿含经》记载："汝今当知，今我弟子，种姓不同，所出各异，于我法中出家修道，若有人问：汝谁种姓？当答彼言：我是沙门释种子也。"佛教徒游历各地，或者在茂密的森林中苦修，或者在四散的村落中传教，依靠人们布施的食物生活。早期佛教徒被称为游历者、遁世者、苦行者、比丘等。佛教徒旗帜鲜明地主张平等观念，反对婆罗门教的种姓不平等理论。佛教徒提倡不问身份和出身，主张人人平等，人人皆可以修道成佛。

佛教"众生平等"的思想观念还由人类推及宇宙众生之间的"平等"。佛教主张缘起论，他们认为，现象界的一切都是由各种条件和合形成的，而非孤立的存在。《杂阿含经》说："有因有缘集世间，有因有缘世间集；有因有缘灭世间，有因有缘世间灭。"现象的世界是因缘起故，世间万象"此有故彼有，此生故彼生，此无故彼无，此灭故彼灭"。也就是说，宇宙间的万事万物都是相互依存，相互联系，互为因果的，万法依因缘而生灭。因此，佛教认为人与人、人与动物、人与植物，都是息息相关、相依相成的，不能断然分割，不能单独存在。人不能离开大自然单独存在，大自然对于人的意义极其重要。营造良好的生态环境，其目的和意义都是为了人自身。在佛教看来，众生依据其生存状态可以分为两种：有情众生与无情众生。凡是有情识的，如人与动物等，都叫有情众生；没有情识的，如植物、宇宙、山河、大地、河流等，都归

---

① 中国文化史三百题 [M].上海：上海古籍出版社，1987，第443页.

为无情众生。一切有情众生都在三世六道中轮回。"三世"即是指过去、现在、将来三个世界，在每一个世界里又有地狱、饿鬼、畜生、阿修罗、人、天等六道之分。佛教认为，有情众生无一例外地要在过去、现在、未来三世之间无穷流转，同时在六道中不断轮回，所以又称"三世六道轮回"。有情众生的"正报"，必然同时伴随着无情众生的"依报"。有情众生依据在过去世中的行为所产生的"业力"，在现世中得以获得"果报"，佛教称作"正报"。而所谓"依报"是指有情众生所依据的环境，也就是生命主体赖以生存的宇宙大地、山川河流、树木花草等无情众生。佛教认为"正报"必然依靠"依报"，任何生命体都必须依靠其生存环境，因此环境与生命体自身的存在是紧密相关的，二者之间的关系是不可分割的，所以称之为"依正不二"。于此可见，佛教把人类生命体与其赖以生存的自然环境看作是一个不可分割的整体。根据佛教缘起论，在三世六道中轮回的众生，本质上都是相同的，在畜生、阿修罗、人、天之间可以互换角色，正所谓"今生为人，来世做牛做马"。因此，在佛教的视阈中，"众生平等"，在本性上是相等的，没有高下贵贱之分。《长阿含经》云："尔时无有男女、尊卑、上下，亦无异名，众共生世故名众生。"

唐代天台宗大师湛然提出"无情有性"论，他认为没有情感意识的山川、草木、大地、瓦石等，其实都具有佛性。佛性本身是不变的，体现于万物之中，每一个事物之中都蕴涵着佛性，因此都具有平等的价值。禅宗强调说："郁郁黄花无非般若，清清翠竹皆是法身。"大自然的一草一木，无不是佛性的具体体现。佛教将自然看作佛性的显现，因此要珍爱自然，珍惜我们生存的家园。佛教的"无情有性"说，与当代生态学颇多相通之处。如美国的莱奥波尔德认为："大地伦理学扩大社会的边界，包括土壤、水域、植物和动物或它们的集合：大地"，"大地伦理学改变人类的地位，从他是大地—社会的征服者转变到他是其中的普通一员和公民。这意味着人类应当尊重他的生物同伴而且也以同样的态度尊重大地社会"。英国历史学家汤因比发挥了佛教的"无情有性"说，指出："宇宙全体，还有其中的万物都有尊严性，它是这种意义上的存在。就是说，自然界的无生物和无机物也都有尊严性。大地、空气、水、岩石、泉、河流、海，这一切都有尊严性。如果人侵犯了它的尊严性，就等于侵犯了我们本身的尊严性。"佛教对于生命的理解具有启示性意义，宇宙间的每个生命都是平等的，因为"一切众生，悉有佛性"，而佛性是平等的，是没有高下之分的，"上从诸佛，下至旁生，平等无所分别"。佛教生命伦理的核心是众生平等和生命轮回。根据这种理论，世界上没有任何事物可以离开因缘，每个人都与众生息息相关，众生具有存在的同一性、相通性。佛教的"众生平等"思想是一种最彻底的平等观，一种终极意义上的平等观。所以，

佛教提倡善待一切生灵，戒杀、慈悲、放生、报众生恩。《大智度论》云："诸罪当中，杀罪最重；诸功德中，不杀第一。"人如果触犯杀戒，灭绝人畜，无论是亲杀，还是他杀，死后都将坠入畜生、地狱、饿鬼三恶道。

佛教理想的生态世界图式就是西方极乐世界。佛经对西方极乐世界的描述，可以视为佛教徒对于未来理想生态世界的描摹。在西方极乐世界里，一切皆井然有序，欢乐祥和。极乐世界中秩序井然。《称佛净土佛摄受经》云："极乐世界，净佛土中，处处皆有七重行列妙宝栏木盾，七重行列宝多罗树，及有七重妙宝罗网。"极乐世界中有丰富的优质水源："极乐世界，净佛土中，处处皆有七妙宝池，八功德水弥满其中。何等名为八功德水？一者澄清，二者清冷，三者甘美，四者轻软，五者润泽，六者安和，七者饮时除饥渴等无量过患，八者饮已定能长养诸根四大，增益种种殊胜善根，多福众生常乐受用。"极乐世界里有茂密的森林、鲜艳的花朵："诸池周匝有妙宝树，间饰行列，香气芬馥"。极乐世界有优美的音乐："极乐世界，净佛土中，自然常有无量无边众妙伎乐，音曲和雅，甚可爱乐。诸有情类，间斯妙音，诸恶烦恼，悉皆消灭。无量善法，渐次增长，速证无上正等菩提。"极乐世界里天花缤纷，四时不败，有益身心健康："净佛土中，昼夜六时，常雨种种上妙天华，光浑香洁，细柔杂色，虽令见者身心适悦，而不贪著，增长有情无量无数不可思议殊胜功德。"极乐世界里有各种杂色美丽的鸟群："极乐世界，净佛土中，常有种种奇妙可爱杂色众鸟，所谓鹅、雁、鸳、鹭、鸿、鹤、孔雀、鹦鹉、羯罗频迦、共命鸟等。如是众鸟，昼夜六时，恒共集会，出和雅声，随其类音宣扬妙法"。极乐世界里有纯净美妙的空气："极乐世界，净佛土中，常有妙风吹诸宝树及宝罗网，出微妙音。"由此可见，佛教关于西方极乐世界的描绘，蕴涵着丰富的生态学内容，为我们展示出美好的生态发展前景，充分体现出佛教的生态理想观。

佛教"众生平等"的生态思想也体现在其日常生活中。我们知道，中国佛教徒都有植树造林、养林护林、栽花种草的优良传统。古诗云："曲径通幽处，禅房花木深。"佛教寺院通常都会修建在林木葱郁、环境清幽、背山面水、鸟语花香的丛林之中。这既是其生态思想的体现，也是"庄严国土，利乐有情"的佛学理念的具体体现，只有在安静和谐的环境中才能更好地参禅修道。在佛教寺院内外，教徒们广植花木花草，颇得园林之幽趣，表现出佛教对于人类心灵的净化，对于自然环境的保护的积极意义。在某种意义上来说，寺庙园林就是佛教对于西方净土的具体表现，充分体现出佛教徒对于生态环境的重视。此外，佛教徒生活俭朴，饮食节制，注重修行，物质上无限贫乏，以确保精神上的无限富有。在简朴的生活中实现心灵的提升，这是中国传统文化的共同旨趣，殊途而同归。佛教徒注重节约、节俭的优秀美德，与当前方兴未艾的绿色环保运动不谋而合，颇多异曲同工之处。

四、中国传统生态文化的独特价值与时代局限

（一）中国传统生态文化的独特价值

儒家"天人合一"思想、道家"道法自然"思想和佛教"众生平等"思想，作为中国传统文化的重要组成部分，本身包含着丰富的生态思想。中国传统生态文化的典型特征，在于其鲜明的地域性与时代性，即中国传统生态文化是从中国本土的实际，从中国古代的客观现实需要出发提出的一系列生态主张，因此，与西方天人两分、人类中心主义、追求极端个体价值的观念截然不同，中国传统生态文化在总体上都主张天人和谐，认为人与天、人道与天道是可以相通的，因而可以达到最终的统一。中国传统生态文化蕴涵着丰富的生态智慧，具有突破时代局限的前瞻性，对于当下我们正在实施的生态文明建设具有重要的理论和实践价值。其价值主要体现在以下三个方面：认识论价值——建构人与自然的和谐关系；方法论价值——实施可持续发展；思想教育价值——培育生态文明观。总之，中国传统生态文化对于建立生态伦理秩序、正确处理好环境资源与发展的辩证关系，都具有积极的借鉴意义。

传统生态文化仍然具有重要的现代价值。我们以在中国传统社会中长期占据主流价值地位的儒家"天人合一"思想为例，来观照其现代生态意义。我们认为，儒家"天人合一"思想可以帮助我们走出"人类中心论"的认知误区，可以为我们解决生态环境恶化问题提供新的思路，有利于我们通过节约自然资源促进人与自然的和谐发展，其现代性价值和意义都是十分明显和积极的。

第一，可以帮助我们走出"人类中心论"的认知误区。儒家"天人合一"思想对于我们实现从传统的"人类中心论"走向现代意义上的人与自然的有效合作、协同发展，具有世界观的重要的指导性意义。"人类中心论"总是作为一种价值观和价值评价尺度被使用，它要求把人类的利益作为价值原点和一切道德评价的依据，有且只有人类才是价值判断的主体。其基本主张包括以下内容：一是在人与自然的价值关系中，只有拥有意识的人类才是主体，自然只是被征服的对象和纯粹客体。价值评价的尺度必须掌握和始终掌握在人类的手中，任何时候谈到"价值"都是指"对于人的意义"。二是在人与自然的伦理关系中，强调"人是目的"，这一主张最早由康德提出，这被认为是人类中心主义在理论上完成的标志。三是人类的一切活动都是为了满足自己的生存和发

展的需要，不能达到这一目的的活动就是没有任何意义的，因此一切应当以人类的利益为出发点和归宿。人类中心主义实际上就是把人类的生存和发展作为最高目标的思想，它要求人的一切活动都应该遵循这一价值目标。事实上，随着环境的恶化和人类认知水平的日益进步，"人类中心论"已经遭受到普遍性的质疑。西方许多有识之士将自然价值、人类道德主体与人类的义务、人类价值需求和实现自己目的的手段的合理性等进行综合考量，证明"人类中心论"的自大与偏缪。儒家"天人合一"思想坚持人与天的整体性统一，这种世界观为当今时代因为人与自然的敌对性关系而处于迷惘无解之中的人们重新寻找到解决问题的途径，实现人与自然的和谐进步，无疑提供了重要的思想资源。我们可以说，生态环境恶化到当下如此不堪的地步，正是过往岁月中"人类中心论"无限膨胀的必然结果。人类为了满足自己的私欲，将自然当作沉默的毫无反抗能力的羔羊予以宰杀，无限索取，竭泽而渔，严重地加剧了人与大自然之间的紧张关系，严重地破坏了大自然内在的平衡系统，从而招致大自然的严酷报复。生态环境的破坏，就是"人类中心论"咎由自取的结果。儒家"天人合一"思想秉持与大自然共生共存的基本伦理精神，主张人与大自然和谐相处，倡扬"民胞物与"、推己及物的仁心仁行，这对于我们今天构建和谐社会、建设生态文明，无疑具有重要的启示意义。

第二，可以为我们解决生态环境恶化问题提供新的思路。科学地处理好人与大自然的关系，解决日益恶化的生态环境问题，是生态文明建设的题中应有之义。而在科学技术至上主义思潮泛滥的背景下，解决生态环境恶化问题，人们多采用"头痛医头、脚痛医脚"的方法，而缺乏一种整体性意义上的观照，更缺乏对自然规律的了解与尊重，在此意义上，儒家"天人合一"思想可以为我们提供新的解决问题的思路。"天人合一"思想在解决天、人关系时，主张作为主体的人"赞天地之化育""敬畏天命"，承认人的认知的有限性，体现出对自然规律的遵循。大自然的运行自有其客观规律，人类应该按规律办事，根据时间的变化处理好生产、生活问题，在让大自然为人类造福的同时，也要格外尊重大自然自身的发展规律，实现人与大自然的和谐共存、和谐发展。在工业化进程中造成的人与大自然的矛盾冲突日益严重，最终产生了严重的生态危机和全球环境恶化的当下，越来越多的有识之士开始关注中国传统儒家"天人合一"思想的重要意义。"天人合一"思想具有特殊的现实意义，可以为我们在制订可持续发展战略的过程中予以认真地分析、科学地总结、有效地探索、成功地借鉴。在如何处理人与自然的关系问题上，"天人合一"思想为我们提供了一种可持续发展的理论模式。正如张岱年等人所说："中国古代的'天人合一'思想，强调人与自然的统一，人的行为与自然的协调，道德理性与自然理性的一致，充分显示了中国古代思想家对于主客体之间、主观能动性与客观规律性之间关系的辩证思考。"① "天人合一"思想提供的是新思路、新思考，这对于打破当前生态文明建设和经济社会发展的迷局和困境，实现重大突破，无疑具有重要的思想和理论意义。

第三，有利于我们通过节约自然资源促进人与自然的和谐发展。随着生产效率的提高，生产力的高速发展，人们生活条件得到极大的改善，向大自然的攫取力度也日益扩大，远远超出了资源的可再生能力，造成了人类生活需求与资源开发使用之间的突出矛盾。为了解决这一矛盾，就应该大力提倡资源消费的节俭观。节约光荣，浪费可耻，理应成为人们的日常行为规范和生态伦理准则。儒家"天人合一"思想出于对自然资源的爱护，极力反对奢侈浪费，提倡节俭和节制的生活方式。"节用而爱人"，这种儒家行为准则正在被越来越多的人所接受。《论语》反复申说："礼，与其奢也，宁俭。""麻冕，礼也；今也纯，俭。吾从众。""奢则不孙，俭则固。与其不孙也，宁固。"② 孔子一生安贫乐道，不事奢华，曾经自评说："饭疏食，饮水，曲肱而枕之，乐亦在其中矣。"③ 他热情地赞扬安贫乐学的弟子颜回，说他："贤哉，回也！一箪食，一瓢饮，在陋巷。人不堪其忧，回也不改其乐。"④ 这种反对浪费自然资源、崇尚节俭生活方式的思想主张，集中表现出儒家文化对于自然万物的爱护和尊重。建设生态文明，建设资源节约型和环境友好型的新型社会，我们要在宏观层面上，严格执法，依法行政，推动节约资源的工作走上法制化和规范化的轨道；加快形成可持续发展的新体制和新机制，构建有利于能源节约的产业结构、增长方式和消费模式；积极开发和推广节约型、可循环利用的先进适用技术，发展清洁能源和可再生能源；保护淡水、石油、土地等资源，建设科学合理的资源利用体系；倡导适度消费和绿色消费，形成"节约资源，匹夫有责"的良好社会氛围。我们要加大监督执法和服务的力度，查处和曝光严重浪费社会资源的行为。在微观层面上，切实把建设资源节约型社会的要求落实到每个单位、每个家庭。把节约资源放在突出位置上，尽最大可能地多节约土地、能源和水源。每个公民都要从现在做起，从自己做起，强化资源意识、节能意识，自觉使用节能产品，从节约一度电、一粒粮、一滴水、一张纸开始做起，珍惜资源、节约资源、取予有度、消费有节、积极构建生态文明，实现人与自然的和谐，形成可持续发展的良好格局。

---

① 张岱年，方克文．中国文化概论［M］．北京：北京师范大学出版社，1994，第381页．

② 论语·述而

③ 论语·述而

④ 论语·雍也

总的来看，中国传统生态文化思想在现代社会仍然具有重要意义，在传统生态文化的视阈中，大自然是我们的存在家园，我们要以大自然为"本"，而不能把人类凌驾于大自然之上。如果我们凌驾于大自然之上，那就是"忘本"。我们要对大自然进行合理的开发利用，保护好生态环境，在保护生态的前提下才能保证可持续发展。儒家"天人合一"思想，并不否定对大自然的开发利用，而是要在遵循大自然规律的前提下，适当地合理地开发利用。我们要大力弘扬中国传统生态文化思想，搞好生态文明建设。中国传统文化中蕴藏着丰富的生态文化思想，闪烁着不朽的智慧光芒。儒家"天人合一"思想、道家"道法自然"思想、墨家"兼相爱、交相利"思想和佛教"众生平等"思想等，无不闪耀着生态保护的时代光辉。因此，我们要学习好、发扬好中国生态文化传统，积极弘扬中国传统生态文化，大力建设资源节约型、环境友好型社会，使人民群众在良好的生态环境中愉快地生产生活。最近，习近平在中央城镇化工作会议上指出，城镇建设，要实事求是，搞好城市定位，科学规划和务实行动，避免走弯路；要体现尊重自然、顺应自然、天人合一的理念，依托现有山水脉络等独特风光，让城市融入大自然，让居民望得见山、看得见水、记得住乡愁。在城镇化建设实践中，我们需要借鉴传统生态文化的思想资源，实现这个生态发展目标。

（二）中国传统生态文化的时代局限

一方面，中国传统生态文化蕴涵着丰富的生态文化思想资源，可以为当下的生态文明建设提供思想支撑、伦理依据、理论指导和实践方法，因此具有重要价值和积极意义；另一方面，中国传统生态文化毕竟产生于中国传统社会，是传统中国智者针对那个时代出现的各种问题所给出的答案，因此又难免带有其时代的、地域的局限性。传统生态文化形成于人类直接依赖土地和血缘关系的时代，对于近代以来伴随着工业文明对自然界的全面开发而造成的生态环境破坏、生态系统面临崩溃的全球性难题，表现出了明显的时代局限性。这种局限性主要表现在以下几个方面：

第一，重伦理轻自然。中国传统文化尤其是儒家文化，在天人关系的看法上往往表现为重伦理而轻自然，将自然规律伦理化，即"天道人伦化"这一思想倾向十分明显。中国传统文化的思维路径往往是推己及人，推人及物，推物及于宇宙，对于本来是客观存在的具有自然运动规律的"天道"，也往往会用"人道"的方式予以阐释。而且，在中国传统文化中，"天道"常常要服从于"人伦之理"，即表现出非常明显地将客观自然规律进行人为的伦理化改造的思想倾向。比如自然界经常发生的流星雨、地震、暴雨、日食等灾异现象，

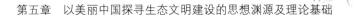

常常被拿来作为人事善恶的评价依据，阴阳大化、五行生克之说盛行。董仲舒就曾借助"天人相类""天人感应"的逻辑环节，将儒家伦理道德予以无限拔高、神化。在此，"天道"的客观性、科学性均已被消解殆尽，体现出来的只是人的工具性或者手段性。朱熹在《朱子语类》中认为："未有天地之先，毕竟也只是理。有此理，便有此天地。若无此理，便亦无天地，无人无物，都无该载了！"对于这种思想倾向，张岱年分析说："自然与人的关系是一个复杂的问题。一方面，人是自然界的一部分，人必须遵循自然界的普遍规律。另一方面，人类社会有自己的特殊规律，道德是人类社会特有的现象，不得将其强加于自然界。汉宋儒家讲'天人合一'，其肯定人类与自然界的统一，有正确的一面；而将道德原则看作自然界的普遍规律，就完全错误了。对此问题，应作具体分析。"长期重伦理轻自然，结果必然会是对生态环境的关切较少，有关生态环境的知识也相对缺乏，也很少积极、主动地去维护生态平衡。如道家、佛家、墨家的生态文化思想，对于大自然往往只是消极地、被动地"不破坏"，推崇"节俭"，而没有积极地保护大自然，更没有主动地与那些破坏大自然的各种行径做殊死的斗争。

第二，重道德轻科技。在中国传统社会中，对伦理道德精神的过度崇扬，势必会在一定程度上妨碍人们的科学理性认知。如孔子就曾经将要求"学稼"的学生樊迟斥责为"小人"，他将各种生产或手工技艺均看成"小器""末业"，"儒者不为"。由于受到生产力发展水平和科学技术认知水平的限制，传统中国人对于人与自然的关系长期缺乏深入的探索和研究，没有认识到自然本身的复杂结构，也没有充分地研究自然的规律和属性。例如，《荀子·君道》说："君子之于天地万物也，不务说其所以然，而致善用其材。"事实上，利用万物，必须掌握万物的规律，不理解万物的"所以然"，是难以"善用其材"的。而天文历算、星相观测只被限定为天官、史官或者阴阳家的"秘业"，对此专业的学习和传授均被严格控制，因为传统文化认为天文历算、星相观察与国运盛衰紧密相关。这种观点在中国文化史上不断得到加固，最终形成一个庞大而悠远的人文价值传统，近代中国为此付出了沉重的代价。传统中国的科学技术水平一直停留在直观经验的水平上，对人与自然关系的认知也是缺乏科学理性的。虽然传统生态文化思想与现代生态伦理思想在许多地方、不少层面上不谋而合，但传统生态文化思想毕竟只是古代中国人探寻人与自然关系的朴素的、初步的表达，或者说只是一种经验性的认知。今天，"人与自然的和谐统一是现代人追求的理想生存图景"，为了这个理想，"人类在想方设法寻求各种路径解决人与自然不相和谐的一面"，传统生态文化思想为我们提供了过往历史的中国经验，但是，"为了避免其困境带来的不利"，还需要对其进行现代转换，"以期更加符合现代生态伦理的思维方式"①，为人与自然关系的改善作出应有的贡献。

第三，重主体轻客体。在中国传统生态文化系统中，中国传统文化的核心命题，如天、地、人等概念之间的关系，并不是平等的，尤其是占据中国传统文化主流的儒家文化，对人的主体地位的重视和高扬，表达了中华民族的浓郁的"重生"意识，即重视人的生命，尊重人的生命，重视"此生的意义"，追求"当下的存在意义"，这与传统中国社会注重生命的生生不息的伦理要求契合无间。我们可以说，中国传统文化的"天人合一"思想，包含着这样一种内涵，即宇宙洪荒、天地万物都可以也应该统一于人的生命存在之中，因此自然客体都可以、也应该作为保持生命、延续生命的对象和材料，这就在实际上将主体人的生命的存在意义拔高至极端，看成是最终的目的，而客体自然的目的性则往往在这种对主体的拔高中被矮化、被忽略了，或者只是强调其工具价值意义。所以，在此意义上来看，尽管中国文化的"天人合一"思想与西方文化的"主客二分"思想在思维路径和实际运作中存在着很大的不同，但是在忽视自然客体的必然性这一点上，二者可谓殊途同归。片面性地注重主体轻视客体的结果，必然是对客体自然的边界意识模糊不清，主体与客体不分，这正是中国传统文化的思维特征。从学术史的角度来考察，我们发现，现代系统科学和生态伦理思维都强调人与自然的和谐，其前提就是承认人与自然的差别，对主体与客体做出明确的界限划分，并且主张通过主体的能动的实践活动来实现人与自然的和谐。而传统中国生态文化却往往视主体的人与客体的天、地、万物是一个无等差的、被消解了对立和矛盾的系统。在此系统中，主体人与客体自然的关系变得模糊、混沌，缺乏精确性和科学性。总之，中国传统生态文化带有许多原始思维的特征，注重直觉，依凭经验，重主体轻客体，这在当下生态文明建设实践中不能不说是一种缺陷。

当然，我们对中国传统生态文化思想的时代局限性还需要进行辩证分析，因为儒家、道家、墨家、佛家生态文化思想主张之间，往往并不一致，由此形成彼此冲突的文化对话、互补关系，某一家思想的长处与缺点，有时正可以与另一家思想的缺失和长处互相补充，这就需要我们有更高的智慧来辩证借鉴传统生态文化思想，以服务于当下的生态文明建设。而更为吊诡的是，"今日之是"往往却是"昨日之非"。中国传统文化往往被贴上不思进取、封闭保守的标签，殊不知这种文化特征却是文明发展和长存的保证。正如有学者所指出的："中华传统文化从来都是追求人与自然关系的和谐，关注人类社会文明的

---

① 王丽娜. 儒家"天人合一"思想的生态智慧与困境 [J]. 重庆科技学院学报, 2009 (9).

延续，由此便产生了天理与人理、天道与人道合二为一的生态伦理文化，其中，顺应天时地利人和的朴素的生态观念和生态伦理千百年来世代相承，使中华民族赖以生存和发展的自然环境和生态系统没有像古埃及、巴比伦等古国一样遭到毁灭性的破坏，中华文明历经磨难却始终保持了旺盛的生命力。"① "实践是检验真理的唯一标准"，我们要在生态文明建设实践中，不断探索，勇于实践，走出一条古今结合、中西结合的现代生态文明建设之路。

第二节　理论基础——马克思主义经典作家的生态思想

即使马克思恩格斯的著作多以经济问题和政治问题为中心展开论述，但在这些论述中却蕴含着丰富的生态思想，而生态思想成为社会主义生态文明建设十分重要的理论来源之一。马克思恩格斯在谈论自然问题时，很少孤立地就自然问题谈自然问题，而是把它放在当时经济社会发展的现实当中，根据具体情况对自然问题做出必要评判，进行可行性预测。虽然有些内容与当今全球化时代的实际情况有些出入，但其生态思想中的精髓内容仍可以作为我们建设中国特色社会主义生态文明的有益借鉴。

一、人与自然的一致性

自然界的存在物，特别是人，是不能够独立存在于自然界与社会之外的。人是自然界的一部分，必须与自然界进行物质能量信息的交换，才能够生存和发展下去。

这是主体间的相互依存关系的本体论论证。"人直接地是自然存在物。人作为自然存在物，而且作为有生命的自然存在物，一方面具有自然力、生命力，是能动的自然存在物，这些力量作为天赋和才能、作为欲望存在于人身上；另一方面，人作为自然的、肉体的、感性的、对象性的存在物，同动植物一样，是受动的、受制约的和受限制的存在物，就是说，他的欲望的对象是作为不依赖于他的对象而存在于他之外的；但是，这些对象是他的需要的对象；是表现和确证他的本质力量所不可缺少的、重要的对象。"人直接地是自然存在物，包括能动和受动两个方面。人只有通过现实的感性的对象才能够表现自己的生命，即表现和确证人的本质力量的对象是不依赖于人而存在于人之外

---

① 李清源. 对我国传统生态文化显示价值的认识 [J]. 攀登，2007（3）.

的。一方面，人是一种能动的存在物，有生命力、自然力，表现为人的天赋、才能、欲望等。另一方面，人是一种受到限制的受动的存在物，欲望的对象是满足人的需要，确保人的本质力量必不可少。人只有凭借现实的感性的对象才能够表现自己的生命，比如饥饿、性欲。

"人对人的直接的、自然的、必然的关系是男人对妇女的关系。在这种自然的类关系中，人对自然的关系直接就是人对人的关系，正像人对人的关系直接就是人对自然的关系，就是他自己的自然的规定。因此，这种关系通过感性的形式，作为一种显而易见的事实，表现出人的本质在何种程度上对人来说成为自然，或者自然在何种程度上成为人具有的人的本质。"人与自然的关系实际上就是人与人之间的关系。而人与人的关系是通过自然属性来展现的，这种自然性的展现是人与人之间的关系在自然方面的反映；从自然界的基点上看人与人的关系，在人与自然的关系中也体现了人与人之间的关系，人的某种自然的行为在一定程度上成了人的行为，或者是人的本质在何种程度上成了自然的本质，这个时候，我们就可以说，人的本性和自然界是统一的。

当个人的存在和社会的存在相统一时，即当人的本质等于自然的本质，当人的自然的行为成为人的行为，人的自然的需要就变成了人的需要，个人变成了别人的需要，别人同时也是自己的需要。这时对私有财产的积极的扬弃，不过是私有财产的变相表现而已，是一种把私有财产作为积极的共同体确定下来的卑鄙的表现而已。

二、人类活动对自然的影响

人类与自然界之间是作用和反作用的关系，人类对自然界的作用在于人类的主观能动性，自然界对人类的反作用则体现在自然对人类的报复及非人化的完成上。人类是自然界的一部分，自然界就是人类自身，这就决定了我们对待自然界应该和对待人类自身一样。恩格斯指出："由动物改变了的环境，又反过来作用于原先改变环境的动物，使它们起变化。因为在自然界中任何事物都不是孤立发生的。每个事物都作用于别的事物，并且反过来后者也作用于前者，而在大多数场合下，正是由于忘记了这种多方面的运动和相互作用，就妨碍了我们的自然研究家看清最简单的事物。"① 人类与自然界之间的作用是相互的。人类对自然界发生影响的同时，自然界也在对人类施加潜移默化的影响。

随着科学技术的发展，生产工具的改进，人们对自然界及其规律的认识在

---

① 马克思恩格斯选集（第四卷）［C］. 北京：人民出版社，1995，第381页.

不断加深，对自然界施加反作用的能力也在不断增强。"而人所以能做到这一点，首先和主要是借助于手。甚至蒸汽机这一直到现在仍是人改造自然界的最强有力的工具，正因为是工具，归根结底还是要依靠手。但是随着手的发展，头脑也一步一步地发展起来，首先产生了对取得某些实际效益的条件的意识，而后来在处境较好的民族中间，则由此产生了对制约着这些条件的自然规律的理解。随着自然规律知识的迅速增加，人对自然界起反作用的手段也增加了；如果人脑不随着手、不和手一起、不是部分地借助于手而相应地发展起来，那么单靠手是永远造不出蒸汽机来的。"① 动物对于地球的影响是有限的，而人的影响却是很大的。由于人们对自然规律的认识程度和认识能力都大幅度提高，所以对自然界的改造和破坏也往往是巨大的。人的改造活动与人的主观能动性的发挥是密切相关的，是人的主观能动性的表现和发挥的结果，加上自然界提供的基本物质条件，因而创造出了许多自然界原来没有的东西。如果这种改变有益于自然界，就会促进自然界的发展；反之，则会产生巨大危害。这也是当今生态危机中的一个迫切需要解决的重要问题。

三、人与自然关系的异化

在私有制条件下，工人阶级为了获得维持生存的资料，必须出卖自己的劳动力给资本家，而出卖劳动力的过程，实际上为资本家创造更多的使用价值、获得微薄工资的一种过程，由此导致了人与人、人与自然关系的各种异化。马克思认为："工人在这两方面成为自己的对象的奴隶：首先，他得到劳动的对象，也就是得到工作；其次，他得到生存资料。这种奴隶状态的顶点就是：他只有作为工人才能维持自己作为肉体的主体，并且只有作为肉体的主体才能是工人。结果是，人只有在运用自己的动物机能——吃、喝、生殖，至多还有居住、修饰等——的时候，才觉得自己在自由活动，而在运用人的机能时，觉得自己只不过是动物。动物的东西成为人的东西，而人的东西成为动物的东西。"这时，人已经被劳动所异化，被自己的劳动对象异化。工人在获得劳动对象和生存资料的过程中，成为自己对象的奴隶，即当他在运用自己的动物机能时，感觉自己是人，而在运用人的机能时，却感觉自己是动物。

异化劳动从人那里夺去了他的生产的对象，也就从人那里夺去了他的类生活，即他的现实的类对象性，把人对动物所具有的优点变成缺点，因为人的无机的身体即自然界被夺走了。人同自己的劳动产品、自己的生命活动、自己的类本质相异化的直接结果就是人同人相异化。当人同自身相对立的时候，他也

---

① 马克思恩格斯文集（第九卷）[C]. 北京：人民出版社，2009，第 421 页.

同他人相对立。凡是适用于人对自己的劳动、对自己的劳动产品和对自身的关系的东西，也都适用于人对他人、对他人的劳动和劳动对象的。在人类自身异化的过程中，人与自己的劳动产品、生命活动、类本质也发生了异化，这种异化反过来又进一步加深了人自身的异化，促使与他人的劳动和劳动对象的相异化。

如果人在生产过程中，在运用人的本质力量进行生产的时候，这个劳动却不属于自己，那它肯定属于别的什么存在物。这个存在物占有了工人的劳动过程，实际上已经是占有了工人的自然身体和附着在身体上的技术、精神、意志、情感等。马克思指出："如果说劳动产品对我说来是异己的，是作为异己的力量同我相对立，那么，它到底属于谁呢？如果我自己的活动不属于我，而是一种异己的活动、被迫的活动，那么，它到底属于谁呢？属于有别于我的另一个存在物。这个存在物是谁呢？是神吗？确实，起初主要的生产活动，如埃及、印度、墨西哥的神殿建造等等，是为了供奉神的，而产品本身也是属于神的。但是，神从来不单独是劳动的主人。自然界也不是主人。而且，下面这种情况会多么矛盾：人越是通过自己的劳动使自然界受自己支配，神的奇迹越是由于工业的奇迹而变成多余，人就越是不得不为了讨好这些力量而放弃生产的欢乐和对产品的享受！"所谓的异己，就是不属于我的，这是最浅显的理解。人类对于自然界的支配力量越强大，人就越会在生产劳动中丧失作为人的本质活动的最原始和最美好的东西，就会越来越异化，更不用说人成为自然界主人的梦想了，因为这个时候的人已经离自然界越来越远了。作为劳动主体的工人的劳动不属于工人的事实，是工人阶级不自由的重要表现，是资本家给工人阶级套上的无形的枷锁。

四、未来人类社会的理想状态

共产主义社会是人的异化的一种回归。"共产主义是对私有财产即人的自我异化的积极的扬弃，因而是通过人并且为了人而对人的本质的真正占有；因此，它是人向自身、也就是向社会的即合乎人性的人的复归，这种复归是完全的复归，是自觉实现并在以往发展的全部财富的范围内实现的复归。这种共产主义，作为完成了的自然主义，等于人道主义，而作为完成了的人道主义，等于自然主义，它是人和自然界之间、人和人之间的矛盾的真正解决，是存在和本质、对象化和自我确证、自由和必然、个体和类之间的斗争的真正解决。它是历史之谜的解答，而且知道自己就是这种解答。"共产主义是私有财产的积极扬弃，即人的异化的自我回归，包括了人与自然、人与人、人与社会、人与自身之间异化的回归，是一种完成了的人道主义，或者是完成了的自然主义，是历史之谜的解答，是通过人并且为了人而对人的本质的真正占有。私有财产是人自身的一种异化表现，私有财产的扬弃就是对人的异化的积极扬弃。

共产主义社会实际上是人与自然界完成了的本质的统一。"因此，社会性质是整个运动的普遍性质；正像社会本身生产作为人的人一样，社会也是由人生产的。活动和享受，无论就其内容或就其存在方式来说，都是社会的活动和社会的享受。自然界的人的本质只有对社会的人来说才是存在的；因为只有在社会中，自然界对人来说才是人与人联系的纽带，才是他为别人的存在和别人为他的存在，只有在社会中，自然界才是人自己的合乎人性的存在的基础，才是人的现实的生活要素。只有在社会中，人的自然的存在对他来说才是人的合乎人性的存在，并且自然界对他来说才成为人。因此，社会是人同自然界的完成了的本质的统一，是自然界的真正复活，是人的实现了的自然主义和自然界的实现了的人道主义。"马克思强调了社会的重要性，认为只有生活在社会中的人才具有人的自然本质特征，因为人与人的联系是通过自然界的现实的生活要素进行的，社会中的人的存在基础是自然界，而且只能是自然界。这里的自然界因为人的关系已经被赋予了人的特性，自然界因此成了人的无机的身体，人的身体的一部分，自然界也因此成为人。

第三节　理论借鉴——西方社会的生态思想

进入 20 世纪 60 年代之后，受工业社会持续发展的影响，一些西方国家的生态环境出现恶化的状况，许多具有远见卓识的西方学者开始反思工业社会及其发展方式，并对生态环境问题展开系统研究，根据各自面对的具体情况进行分析，提出了不同的解决方法，形成了众多的生态思想或流派。下面将简要介绍一下生态马克思主义、生态社会主义以及西方社会中产生了较大影响的生态思想流派。

一、生态马克思主义

最早使用"生态马克思主义"一词的是美国生物学教授阿格尔，阿格尔在 1979 年出版的《西方马克思主义概论》一书中，第一次提到了"Ecological Marxism"这个概念。生态马克思主义对生态学的关注开始于法兰克福学派的霍克海默、阿道尔诺、马尔库塞，之后是莱斯和阿格尔。该派的主要观点体现在以下几个方面。

（一）从人与自然关系的变异来分析资本主义生态危机

生态马克思主义提出了控制人与自然关系的观点。莱斯认为，人类控制自然观念的变化是生态危机的重要根源，而科学技术只不过是人类控制自然的意识工具。只有对人类控制自然这种思想意识中的矛盾进行深入正确的分析，才能够找到解决当今世界生态危机的根本出路。资产阶级政府和企业所采取的环境保护对策，离不开资本主义自身体系的需求。发展中国家为了满足发达国家日益增大的能源资源需求，不得不执行斯德哥尔摩"人类环境大会"上的环保标准。这种情况使得发展中国家的经济增长更加缓慢，南北差距更加扩大，环境问题也因此成为全球性的政治问题。莱斯还批判了把科学技术看作是生态危机根源的观点，肯定了马尔库塞关于"技术的资本主义使用"的判断，承认科学技术只是生态危机的手段而不是根源，从而给科学技术以恰当的评价。① 莱斯认为，生态危机产生的根源在于对自然进行控制的意识形态，科学技术只是实施控制自然的意识形态的特定工具，从而也揭露出了"控制自然"的内在矛盾性。

生态马克思主义者创建了资本主义生态危机理论。资产阶级为了维护再生产的不断扩大，利用消费信贷、广告等手段，极尽刺激之能事，促使消费者购买更多商品。这样做的结果就是造成了生产和消费的快速膨胀，资源能源的大量消耗以及生态危机的加重。通过这些手段，资产阶级成功地把危机从生产领域转移到了消费领域，经济危机似乎变得遥遥无期，而生态危机却成了人们如影随形的附体。莱斯把这种通过消费奢侈品以补偿异化劳动过程中的艰辛和痛苦、追求膨胀的自由和幸福的消费称为异化消费。由于生态系统的有限性与资本主义生产能力的无限性是一对不可调和的矛盾，所以异化消费无疑是一种饮鸩止渴的解决方式，当生产资料无法从自然界获取时，这对矛盾的破坏力将在生态系统和生产方式中同时爆发，整个人类也将面临生死存亡的抉择。所以，阿格尔根据马克思消灭经济危机和异化劳动的实现形式，构想出了消灭异化消费和生态危机的社会变革模式，即通过"期望破灭的辩证法"或者期望破灭理论，实现稳态经济的社会主义。但是，生态马克思主义理论在解决生态危机时回避了资本主义的基本矛盾②，所以，它不可避免地走向了历史唯心主义的道路，把解决资本主义生态危机的最终希望寄托在了生态危机的最终爆发和资本主义社会消费希望的最终破灭上。

---

① 刘仁胜. 生态马克思主义概论 [M]. 北京：中央编译出版社，2007，第40~45页.

② 刘仁胜. 生态马克思主义概论 [M]. 北京：中央编译出版社，2007，第40~45页.

（二）对资本主义生态环境灾难的纯科学技术批判

依据对科学技术使用态度的不同，绿色理论可以分为浅绿色（shallow green）和深绿色（deep green）两种。① 浅绿色理论认为，科学技术的进步是人类解决一切问题的灵丹妙药，无论是能源危机还是环境灾难。只要太阳光还能够照射到地球上，人们就可以利用技术把太阳能转化成人类需要的各种能源。在这一点上，浅绿色是一种技术乐观派，认为科学技术可以把地球无限的潜在能源变成人类可以利用的能源。唯一让科学技术难堪的问题是它相对于现实需要的滞后性，这种滞后性使生态危机和环境灾难成为可能。浅绿色主张利用科学技术对资本主义工业和文明体系进行修补和完善，以更好地开发和利用自然，满足人类的欲望。深绿色认为，科学技术不是可以包医百病的济世良方，它或许能够解决某一个或者几个环境问题，但却不能从根本上解决现代社会的能源危机和生态危机。现代工业社会的运行机制和人类自身的价值观念才是生态危机的根源，不解决这两个方面的问题，只对生态危机进行一些浅尝辄止的改造，或者只想通过技术手段，是不可能从根本上解决人类面临的生态危机的。深绿色是一种技术悲观派，认为科学技术不是造成生态危机的主要原因，它只不过是增加了环境灾难和生态危机的程度而已。绿色理论在绿色运动中提出的"回到自然中"的技术悲观主义口号与"宇宙殖民"的技术乐观主义口号，是对生态危机与科学技术关系正反两方面的论述，从而完成了生态马克思主义对资本主义生态危机的纯科学技术批判。②

（三）对自然与资本逻辑关系的分析

自然系统在资本的生产和流通过程中占有重要地位，资本的再生产在总体上是与根据其自然属性来定位的价值构成（不变资本、可变资本）的相对比例联系在一起的。与自然界本身独立的物理与生物属性相对应，自然因素在资本的周转和再生产过程中起着作用，能源、复杂的自然和生态系统都成为资本主义生产的基础。资本主义生产不仅大规模地开发利用不可再生资源，而且对土壤、水源、大气、动植物资源以及整个生态系统都产生了破坏作用。对资本主义传统经济学的论证，因为忽略了资源能源因素，忽略了劳动对象的生物学特性，所以在理论和实践意义上都是有限的。马克思清楚地意识到资本对生态

---

① 万健琳. 异化消费、虚假需要与生态危机——评生态学马克思主义的需要观和消费观 [J]. 学术论坛，2007（7）.

② 刘仁胜. 生态马克思主义概论 [M]. 北京：中央编译出版社，2007，第 193~213 页.

资源和人类本性的破坏作用，认为作为生产外部条件的自然仅仅是资本的出发点，而不是归宿。"当一个资本家为着直接的利润去进行生产和交换时，他只能首先注意到最近的最直接的结果。一个厂主或商人在卖出他所制造的或买进的商品时，只要获得普通的利润，他就心满意足，不再去关心以后商品和买主的情形怎样了。这些行为的自然影响也是如此。"① 在资本主义的生产、分配、交换、消费过程中，资源在不断地耗竭、废弃物在不断地产生、污染在不断地加剧。这时，自然界的被破坏抬高了马克思所说的"资本要素的成本"。资本在破坏了它自身生产和积累条件时，即在破坏了自身的利润时，它也树立起了社会和政治上的反对力量。② 资本与它的生产条件之间的系统性关系，也因此转变为对抗性的社会关系。在分析资本的生产过剩危机时，我们不仅要考虑传统马克思主义中的需要层面，还要考虑生态学马克思主义的成本层面。

（四）对共产主义是解决生态危机的最好选择的论证

"希望破灭的辩证法"是莱斯和阿格尔试图解决资本主义社会生态危机的办法，奥康纳则试图利用经济危机的方法来解决，因为资本主义自身无法克服的矛盾决定了它无法提供给资本主义必需的生态条件。马克思恩格斯描绘的共产主义是生产力高度发达，生产资料归社会占有，实行社会公有制的社会，它可以根据实际拥有的自然资源和整个社会的需要来调节生产。在共产主义的初级阶段，个人消费品实行按劳分配；在共产主义的高级阶段，个人消费品根据其合理与否的标准实行按需分配，消灭一切阶级和阶级差别，国家将自行消亡。这种社会制度与当今解决资本主义的生态危机在所有制和经济运行的调节手段上具有一致性，即需要用计划手段来调节市场的无序性、人口增长的无序性、自然资源的稀缺性和人类消费的无限性。同时，共产主义的分配方式与消费方式是相统一的，按需分配决定了其消费方式的有用性，是有利于人的全面发展的消费方式，而当今资本主义社会的异化消费则超越了自然界的承载力，自然界不可能无限制地供给，因此，必然走向按需分配。莱斯和阿格尔都把共产主义作为解决资本主义生态危机的最终形态。

二、生态社会主义

生态社会主义（Ecological Socialism 或 Ecosocialism）是生态运动和思潮的

---

① 马克思恩格斯全集（第 20 卷）[M]．北京：人民出版社，1971，第 521 页．

② ［美］詹姆斯·奥康纳著；唐正东译．自然的理由——生态马克思主义 [M]．南京：南京大学出版社，2003，第 193~213 页．

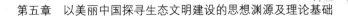

一个重要流派，最早出现在阿格尔1979年的《西方马克思主义概论》中，其主要的代表人物有巴赫罗、莱易斯、阿格尔、高兹、佩伯等。

20世纪90年代之后，生态社会主义学家特别注意吸收绿党和绿色运动推崇的一些基本原则，包括生态学、社会责任、基层民主和非暴力等方面，坚持马克思人与自然的辩证法的基本理念，否定资产阶级以狭隘的人类中心主义和技术中心主义，把生态危机的根源归结为资本主义制度下的社会不公平和资本积累本身的逻辑，批判了资本主义的经济制度和生产方式，要求重返人类中心主义时代，也为生态社会主义思想的初步形成打下了基础。

（一）包容性民主变革

"包容性民主"或称"生态民主"，是一种旨在实现权力在所有水平上平等分配的民主变革。① 它不是消极的空想，而是走出现存生态危机的必然选择。包容性民主变革不单单是对希腊式民主的追求，更是对它的一种超越，其目的是要实现政治、经济、社会、生态的和谐统一。包容性民主与各种形式的权力分配中的不平等形式格格不入，与主宰自然世界观念的等级制结构不相容，同时也与任何封闭的信念、教条和观念体系不相容。资产阶级的民主政治正处于一场十分严重危机之中。市场经济的日趋国际化的形式以及以"民主"为主体的代表制的日益衰败。而市场经济的日益国际化与市民社会的日益国际化同样是如影随形，这就决定了对市场进行社会控制与生态控制方面的最低标准是相同的。因此，我们需要创建一个新型社会，这个社会超越了市场经济和国家主义的组织形式，并且把人们对新民主的参与热情和同时发生的经济资源与市场经济的脱离相联系，以促进新制度框架的创建和新的价值观念的系统化。在新制度和国家之间经过一段磨合期后，一种新的包容性的民主及其相对应的民主范式就诞生了，它在一定程度上取代了市场经济、国家主义民主及它们对应的社会范式，并且建立起一种自下而上的"政治和经济权力的大众基础"，即直接的和经济民主的公共领域。这就把联邦化推向了历史的前台。这一方法将有助于我们从根本上解决社会、经济和生态灾难，并消除现存的不合理的权力结构。替代性民主及对应的社会范式将成为社会的主导性民主和范式，社会制度将因为出现断裂而改变，当今"民主"的合法性也将消失。一旦公民从这种真正的民主中获益，以前的伪民主组织形式将被彻底地抛弃，即便是进行物质或者经济暴力的威吓也无济于事。一个真正的包容性民主，将使

---

① ［希］塔基斯·福托鲍洛斯著；李宏译. 生态危机与包容性民主［J］. 马克思主义与现实，2006（2）.

人们首次获得决定其自身命运的真实权力，并促使一个新的大众权力基础的确立，而主导性的社会范式及制度框架也将逐渐走向衰亡。

（二）生态化生产

生态社会主义反对生态马克思主义提出的分散化和官僚化的乌托邦思想，反对垄断资本主义和苏联高度集权化的社会主义经济，反对稳态经济，主张在公有制和民主管理的基础上实现计划和市场相结合，集中与分散相折中，中央与地方互补的混合型经济的增长。20 世纪 90 年代，美国约尔·克沃尔提出了具有明显的生态马克思主义特点的生态社会主义道路，赞同佩伯提出的关于计划与市场相结合的经济原则，但同时强调了生产必须符合生态化生产原则的重要性。生态化生产①包括以下几点。

第一，生产过程与产品的一致性。生产过程是产品的重要组成部分，因为受到资本主义的压抑而消失的生产过程的快乐，将会在生态化的生产过程中再现，并成为日常生活的有机组成部分。劳动成为生态化生产的自由选择，其目标在于完全实现使用价值而不是资产阶级所追求的交换价值。生产过程的民主化和生产产品的民主化得到统一，这是实现生态系统整体性的基础和条件。

第二，生产过程必须符合自然规律，特别是热力学定律。在一定程度上，太阳可以为地球补充能量，但是，资本为了实现利润的最大化，会利用一切可能的办法利用燃烧石油和煤炭等的能量来代替人工劳动，而在一个相对封闭的自然系统中，这种可供转化为能量的煤炭和石油越来越少。根据热力学定律这种转化是不可逆转的。因此，有必要对造成这种状况的资本主义生产体系进行变革，以确保人类社会的持续发展。生态化生产虽然不是完全符合能量守恒定律，但是我们还是应该尽可能地采用可更新能源和直接的人工劳动，来避免由于资本对能源的消耗而造成的高熵值的不稳定状态。

第三，生态化生产与生态化需求的一致性。克沃尔提出了"需求的极限"理论，认为人们需要通过提高感受性来重新定位人类的需求，不仅要对基本的劳动组织进行改革，而且要从质量而不是数量上来定位人类需求的满足，它解决的是可持续发展的问题。

第四，生态化生产与人的思维方式的一致性。人类必须参与维护人道的生态系统，发展一种接受性的存在方式，既要在主观上承认人类是自然的构成元素，又要在劳动的过程中与自然界相互融合。

---

① 刘仁胜. 生态马克思主义概论 [M]. 北京：中央编译出版社，2007，第 100~104 页.

（三）社会公正与环境公正

资本主义制度对资源的不合理分配不但造成了社会不平等现象的普遍化，而且严重破坏了全球的生态系统。绿色经济理论认为，资本主义对生态危机具有一定的免疫力，它可以吸收生态危机，并进行自我恢复，包括建立奖惩制度、生态关税、自然资源损耗税等。绿色经济理论既不属于资本主义体系，也不外在于资本主义体系。尽管他们可能对资本主义进行严厉的批判，甚至是制裁，但是对社会制度的改革却不在他们的兴趣范围之内。相对而言，主流的生态经济学家们其实并不关心经济的规模，只有那些支持绿色经济的生态经济学家才关心经济的规模，并试图恢复小型的独立资本。所以，可以称之为是新亚当·斯密主义。亚当·斯密倡导的自由市场经济与今天的新自由主义有着明显的不同。他反对垄断，提倡小生产者以及他们之间的产品交换，并且通过买卖双方的自律来避免市场竞争中的垄断行为，避免单方面决定价格行为的出现。新亚当·斯密主义之所以反对政府对经济的干预行为，是因为政府的干预往往最终都会演变为经济的垄断和经济巨人症。新亚当·斯密主义的代表人物大卫·科特认为，生态社会就是民主多元主义，它依靠规范的市场为基础，依靠政府和市民社会的共同努力来阻止资本企业的垄断行为，为经济的进一步发展提供动力。克沃尔指出了科特理论中的缺陷，认为科特的民主多元主义没有涉及资本本身的集中和扩张，也没有涉及诸如阶级、性别及其他具有统治地位的范畴。① 大卫·科特对科学技术革命持否定态度，认为科学技术连同唯物主义是剥夺自然和生命意义的主要危害，从而暴露出了他在绿色外衣下维护资产阶级利益的本来面目。

（四）生产资料共同所有

美国绿党的克沃尔首先肯定生态社会主义属于社会主义，只不过是用生态学的相关原则阐释的社会主义。克沃尔认为，真正的社会主义必须符合《共产党宣言》提出的两个基本原则，以往的社会主义都不是真正意义上的马克思所设想的社会主义，因为：第一，生产者没有真正占有生产资料，他们之间处于一种分离和异化的状态；第二，没有真正建立一个社会，在这个社会中"每个人的自由发展为一切人自由发展的条件"②。科沃尔提出了具有明显生态马克思主义思想特点的生态社会主义道路，指出要建立真正传统的社会主义社

---

① 刘仁胜. 生态马克思主义概论［M］. 北京：中央编译出版社，2007，第100~104页.

② 马克思恩格斯选集（第1卷）［C］. 北京：人民出版社，1995，第294页.

会，必须具有两个基本条件，即生产资料的公共所有与劳动者的自由联合体。生产资料的公共所有并非一定会带来劳动者之间的自由联合，但是，劳动者的自由联合体必然以生产资料公共占有为前提。① 以往的社会民主主义用偷梁换柱的手法，提出了社会主义要建立在资本主义私有制基础之上的主张，而苏东模式下的社会主义虽然实现了公有制，但是，由于劳动者缺乏民主，无法实现自由联合，最终走向了国家资本主义或官僚资本主义。

资本主义社会中个人的私有财产是神圣不可侵犯的，由此整个社会必然产生出两个尖锐对立的阶级：资产阶级和无产阶级。而生态社会主义的价值观则强调事物自身的存在，强调个人对社会与他人的奉献，以及由此而来的对自然的可接受性，而不是个人对事物的占有。生产资料归集体所有是生态社会主义的一条主要原则，而劳动者个体以及劳动者个体繁衍而成的家庭生活必需品也都归集体所有，并且根据各自的需求由集体进行必要分配，劳动者个体所能够支配的生产生活资料是有限的。在生态社会主义社会中，社会财富是被全体劳动者共同占有，而不是像资本主义社会那样被少数几个人占有。生态社会主义认为，无论是地球还是自然，都不可能被任何个人或集体所占有，人类只可以使用以获得生存发展的资料。

生态社会主义不是将剥夺的所有权转移给人民或者是人民的代理机构，人们除了拥有表达自我存在的事物之外，不能够拥有地球和自然，对地球和自然的所有权是建立在对自然的控制之上的，生态社会主义的人民集体拥有对地球和土地的使用权，维持人类与自然之间的新陈代谢的平衡。生态社会主义认为，由于人与自然是相互依存的两极，而不是资本主义社会中无产阶级和资产阶级的尖锐对立，所以，我们的大自然得以休养生息，可以自我调节自身的平衡，人与自然之间的异化状态也将转变为人类能够更好地利用和享受自然。

三、其他生态环境思想

除上面阐述的生态马克思主义、生态社会主义之外，还有几种重要的生态思想在西方世界中也产生了深远影响。这几种思想涉及与生态环境密切相关的道德、伦理、公平、正义等方面，主要包括史怀泽的"敬畏生命"思想，利奥波德的"大地伦理"思想，罗尔斯顿的"内在价值"思想与黑尔的"环境正义"思想等。

---

① 刘仁胜.生态马克思主义概论［M］.北京：中央编译出版社，2007，第99～100页.

（一）史怀泽的"敬畏生命"思想

20 世纪中叶之后，以法国生命伦理学家阿尔伯特·史怀泽（Albert Schweitzer，1875—1965）为代表的生命伦理学派，把伦理关怀的对象从人扩展到一切生物，提出了"敬畏生命"（reverence for life）的理论，这一理论对当今世界和平运动和环保运动都具有重大影响。

"敬畏生命"理论提倡对生命的"敬畏"，反对无辜毁灭动植物的不道德行为，因为一切生命都是自然界进化发展的产物，都具有天赋的不可被剥夺的生命存在权利和内在价值。人类敬畏其他拥有生存权利的生命应该同敬畏人类自己的生命那样，把伦理关怀的对象扩展到宇宙中的一切生命。"谁习惯于把随便哪种生命看作没有价值的，他就会陷于认为人的生命也是没有价值的危险之中。"[1] 史怀泽一直对动物保护情有独钟，认为关爱和保护动物是人道主义精神的天然体现，是真正的人道，在这一点上人们不能漠不关心。

"敬畏生命"思想如同昏暗世界中的一盏明灯，照亮了人们阴暗心理世界的某个角落。史怀泽认为，伦理是一种永恒的东西，只要人类社会存在，伦理规范的约束作用就会永远存在，只不过目前它正处于"休眠"状态。人们的道德水平似乎不仅没有超越过去，而且还在日益下滑，靠着前人的某些成就生活，甚至是一些宝贵的遗产经过我们的过滤之后反而销声匿迹了。人们对一些非人道的思想不但不加以呵斥和拒绝，而是在短暂的沉默后被草率地接受或默许了。因为"敬畏生命"的伦理学，我们尘封已久的良知被唤醒，从而更加关心与我们发生联系的，存在于我们范围之内的一切生物，在力所能及的范围内帮助它们。这样，人们和宇宙之间就建立起了一种精神性的联系。这种精神性联系丰富了人们的内心生活，给予人们一种精神的、伦理的力量，促使人们去创造一种比以前更高级的生存方式和活动方式。得益于"敬畏生命"的伦理学，我们成了另外一种人。

承认一切生命的内在价值是"生物中心伦理"（Biological Center ethics）的核心观点，是对涉及自然法则的传统伦理的丰富和发展，史怀泽把内在价值称为"世界和生命主张"（world-and-life-affirmation）思想。科学技术使工业化水平越来越高，但它无视自然的价值，只把自然看作是遵从物理学和力学规律的机械性的东西，从而使自然的善与生活的善之间的联系更加疏远，使自然和伦理之间形成二元性的分离。大自然本身没有善恶美丑之分，伦理也只是由

---

① 陈泽环. 天才博士与非洲丛林——诺贝尔和平奖获得者阿尔贝特·施韦泽传 [M]. 南昌：江西人民出版社，1995，第 161 页.

于人的存在和人的判断才具有意义。现代社会中的许多非伦理行为，都与自然和伦理的二元性分离相关，如精神文化的堕落、官僚主义、战争等。

（二）利奥波德的“大地伦理”思想

大地伦理学的奠基人是美国的奥尔多·利奥波德（Aldo Leopold，1886—1948），其作品《沙乡年鉴》（A Sand County Almanac）被认为是大地伦理的开山之作，不仅引起了当时理论界和科学界的震动，而且对当今生态问题的研究和解决也具有一定的参考意义。

人与天地万物之间不是主人和奴仆、征服和被征服的关系，而是“民胞（同胞）物与（同伴）”的平等关系，这些观点与当代生态伦理学的观点基本一致。利奥波德认为，对待土地我们绝不能像奥德修斯对待他的 12 个行为不端的女奴一样，不能只拥有权利而不尽义务。伦理关怀的范围应该扩大到动物、植物和土地在内的众多方面，利奥波德反对把土地只当作“死”的物体，当作可被我们随意改造和利用的物品，提倡把土地看作是和人一样的有机体，有“喜怒哀乐”，有“生老病死”。这时的土地已经超越了土壤范畴，成为能量在动物圈、植物圈和土壤圈流动的基础。这时的人类也不是以主人或征服者的面目出现，而是与前面所讲的“民胞（同胞）物与（同伴）”相同，即是一种伙伴关系。人类应该尊重他的生物同伴，而且也以同样的态度尊重社会。人类充其量是生物群落中的一部分而已，是“生物公民”而不是自然的“统治者”。利奥波德的土地伦理把道德审视的重点从生物个体转向了生物总体。橡树就算是被当作燃料，它作为生物总体的一部分仍然是有价值的，其他物种可以从消费死亡的橡树中获益。在一个相对稳定的群落中，一个成员通常是其他成员延续生命能量的一种“资源”，一棵大树死了，其他的大树仍然活着。一个成员被“消费”了，但能量永远在系统中循环。组成群落的各个成员之间形成了各种依赖关系，群落的健康就体现在它的整体性和稳定性上。利奥波德用“土地金字塔”图形来说明生物群落的“高度组织化的结构”和它的自然属性。土壤在金字塔的最底层，往上依次是植物、昆虫、鸟、啮齿、不同的动物。这样，物种按其食物次序的差异被安排在不同的层级中，“每个后继层在数量上递减”，从而形成了系统的金字塔形状。

生态环境问题的实质是哲学问题。奥尔多·利奥波德在《大地伦理学》中指出：环境问题与其说是一个实证问题、技术问题，倒不如说它更是一个哲学问题，而且最终也只能够走向哲学的终点，如果要想使环境保护获得更多成绩，我们就需要某种哲学方法的支撑。从《创世记》前面几段的内容里我们不难看出，上帝有意让人去治理地球。人们常常从这种意蕴出发，去指责宗教，认为宗教应该对我们的环境问题负责。人们据此认为是《创世记》导致了人类用灾难性的方法去改造自然，这种方法延续至今。而帕斯摩尔指出，《创世记》是在这种改造开始之后才撰写的，这样，它就不可能是最初的原因。但是，也有一些内容是值得讨论的，即在一定程度上，《创世记》为人类改造自然行为的合理性进行辩护，因而是人类"拯救自己的良知"的一种企图。虽然这种解释把宗教置于人类对环境破坏的原罪上，但仍然改变不了如此辩护的苍白无力。

"如果他们的后代在过去的几百年里对人与自然的关系都只有一点模糊的理解，那么很难想象人类能够在文明之初，就能如此清晰地意识到他们的行为对环境的破坏性影响"① 其实，如果我们从另外一个角度去思考这个问题可能会更加合理，即早期人类的生存状况问题，衡量他们在对自然的恐惧与对自然所犯的罪恶之间的选择就可以知道这个问题的答案。

很明显，《创世记》的主要目的不是为人类对自然所犯错误开脱，而是为处于绝对劣势中的人类提供安慰和希望，如果连起码的生存都不能得到保障，那么再谈人类在自然界中的位置就没有价值了。利奥波德认为："哲学告诉了我们为什么不能破坏地球而不受道德上的谴责，也就是说'死'的地球是拥有一定程度生命的，应当从直觉上达到尊重。"

（三）罗尔斯顿的"内在价值"思想

多年以来，人们一直希望能够有一种新的伦理思想来指导生态建设。美国环境哲学家罗尔斯顿（Holmes Ralston）是利奥波德大地伦理学的推崇者。罗尔斯顿指出："一个物种是在它生长的环境中成其所是的。环境伦理学必须发展成大地伦理学，必须对与所有成员密切相关的生物共同体予以适当的尊重。我们必须关心作为这种基本生存单位的生态系统。"② 人类对自然尊重的基础，通常要考虑自然的内在价值、生态系统的完整性与稳定性。

人类从大自然的统治者降为普通成员，在自然界中没有特权。这种转变不仅提高了自然物体和生态系统的道德地位，而且与现代生态学的科学精神相一致，大地伦理学是彻底的非人类中心主义。罗尔斯顿认为，自然具有科学、审美、经济、消遣、遗传等14种价值，这些价值产生于人类与自然的相互关系中，是人类赋予自然物的。生态系统是这些价值存在的一个集合体，它是不以

①　［美］尤金哈格罗夫著；杨通进译. 环境伦理学基础［M］. 重庆：重庆出版社，2007，第20页.

②　［美］H. 罗尔斯顿著；初晓译. 尊重生命禅宗能帮助我们建立一门环境伦理学吗［J］. 哲学译丛，1994（5）.

人的意志为转移的。

一个东西具有内在价值，是就它而言被认为具有为它自己的利益的价值。澳大利亚《生态与民主》的编辑玛休斯认为，当一个系统能够自我实现、自我保护时，我们就认为它拥有内在价值。人类把内在价值赋予人类自身，因为每个个人就是一个自我。在这里，我们没有强迫那些认为他们自身具有内在价值的人去认识其他自我的内在价值，包括其他人的内在价值。这就是道德哲学中的著名论题：人们是怎样根据第一个人的情况的前提出发，去对第二个人、第三个人的情况做出论断的。自我理念在玛休斯自我矛盾的痛苦中被迫把内在价值赋予自我而不是他们自己。玛休斯认为，作为自我实现、自我保护的实体，非人类存在物的自我是"他们自身就是目的"。如果道德代理人承认其他自我拥有他们自己的"好"，那么这些代理人就应该去促进那些其他自我的"好"，把其他自我提升到更高位置。这时，道德代理人从其他拥有内在价值的自我那里收获的普遍观点其实就是道德代理人自己的观点。去维护其他自我的"好"是我们"好"的一部分，也是其他自我"好"的一部分。① 虽然玛休斯在确立道德代理人是人还是其他自我上具有很大的模糊性，并在一定程度上迫使其他道德代理人的自我接受这种内在价值，但是，生态主义仍然需要这样的论证。

任何事物都不可能脱离其生存环境而孤立存在，不可能拥有自在自为的生态系统。自在价值（value-in-itself）总要转变为共在价值（value-in-togetherness），并在生态系统中发挥作用，单个物体不可能成为系统中价值的聚集地。虽然生态系统的进化创造出了更多的个体和自由，创造出了越来越多的内在价值；但是，生态环境的整体性和系统性特质让"自在自为"的个体内在价值失去了存在基础。如果把这些个体的内在价值从公共的自然生态系统中剥离，那么就容易把价值看成是纯粹内在的和基元的，容易走入形而上学的死胡同，以至于忘记了价值的联系性和外在性。在由溪流和腐殖土壤组成的生态环境中，延龄草获得了充足的水源和养分而茁壮成长，潜鸟也从那些湖泊中得到了营养和水源，这时的溪流和腐殖土壤是可评价的、有价值的。人们对物种、种群、栖息地和基因库的关注需要一种合作意识，这种意识把价值看作"共同体中的善"。自然界实体之间的关系和实体本身一样真实不妄，样式与存在、个体与环境、事实与价值密不可分地联系在一起，事物在它们的相互关系中得以生成和发展。内在价值只是整体价值的一部分，任何把它割裂出来并

① ［英］布莱思·巴克斯特著；曾建平译. 生态主义导论［M］. 重庆：重庆出版社，2007，第64~68页.

孤立评价的做法都是片面的，个体价值也只有在自然系统中才具有意义。

（四）黑尔的"环境正义"思想

当人们的需求超出了能够满足他们的手段，当少数人施加给社会结构的危害增大时，正义就成为一个重要议题，这时就需要避免人们的正义感受到更大伤害，即便不能让每个人感到幸福，也要对群体中的个体进行安慰。因为当人们在受到不公正的待遇时，他们往往寄希望于现行状况的改变。如果现行状况不会发生改变，那么这些人将不再对维持社会秩序进行合作，社会就会陷入混乱不堪的状态。

功利主义者认为能够带来最大化收益的政策与行为是正当的。那么，这种政策和行为对所有个体和族群是否都是公平的？幸福的最大化是否以他人的牺牲为代价而使相对少数人的幸福而达到？功利主义批判者认为富人和穷人的差距极大而且极不公正，从而否定了上述两个问题。但在 20 世纪 80 年代初，英国著名道德哲学家 R. M. 黑尔指出，"功利主义注定是属于现实世界的，而不是反对者的空想世界。在现实的世界中，反对者所设想的那些选择是不可能实现的"。人们不可能直接从社会分配中获得"舒适"和"烦人"，社会能够分配的只能是商品、服务、住房、交通运输、工作等，这些只是获得"舒适"并且远离"烦人"的手段而已。那么，"真正的问题在于，功利主义是否会认可这些实现美好生活的手段的不公正分配，或者是否通过这些分配手段，它要求'舒适'和'烦人'的不公正分配"①。根据边际效用递减规律，一个人拥有某物越多，他从该物的增益中享受的乐趣就越少。在其他条件相同的情况下，边际效用递减规律意味着，一种商品和服务给予穷人的分配将会带来更多的"乐趣"。额外的 10 万美元对一个平民百姓来说，要比对比尔·盖茨的意义更大。如果社会花费 1 亿美元建设住宅的话，给相对贫困的人建造 2 000 处每座价值 5 万美元的住房，要比为那些已经富裕的人建造 200 处豪宅来得更为"舒适"。这时，幸福和偏好满足的最大化就成为我们的目标，为穷人修建2000 所住房的政策就成为我们的首要选择。如果边际效用递减规律成为人们在选择时唯一思考的因素，功利主义针对贫困者商品和服务的分配将会量化，直至其幸福程度与富人相等为止。只要社会上存在贫富差距，那么，把资源直接分配给那些不足者而不是有余者，将会带来更多福祉。当且仅当所有人都均等地分享到社会资源时，社会福祉才会达到最大化。所以，在一般情况下，个

---

① ［美］彼得·S. 温茨著；朱丹琼译. 环境正义论［M］. 上海：上海人民出版社，2007，第 233页.

人的生产力不可能得到全部发挥，除非这个前景与个人利益息息相关。黑尔认为，如果抛开了个人对商品和服务的贡献而实行平均主义的策略，就会挫伤劳动者的生产积极性，从而使社会可分配的商品和服务会越来越少，社会的总体"舒适"越来越低。因此，功利主义反对均等化的做法，赞同适度的偏离平等，以激励人们的生产创造力。

生态化社会意味着社会正义原则的伸张。在一个充满正义的社会中，个人、社群甚至民族都有权享受社会报酬和获得均等的生活机会。因为社会正义既强调物品的公平分配，也强调教育、娱乐、食物、住所、个人和社群的自由以及政治权利的平等表达。在一个实现了社会正义的社会里，没有人会在资源环境方面做损人利己的事情。那些奉行被称为"环境正义运动"的主张和事业，在正义社会中将会消亡。而在当今世界，穷人和权力被剥夺的人正日益成为环境破坏和社会不公的主要牺牲品。所以，美国的环境正义运动组织坚决反对在穷人或者少数族裔社区建设废物转移或焚烧设施。20世纪80年代，美国卡罗来纳州曾经向一个黑人积聚的农村县沃伦县倾倒了大量多氯化联苯沾染的污土，在法律行动失败后，民众与当局之间爆发了大规模冲突，致使几百人被捕，但仍然无法阻止废物的倾倒。社会责任和社会正义相互联系的前提是所有人的人权和民主权利的保障。社会正义启迪人们要在政治自决和经济自立的基础上，去追求环境的安康与福祉。环境就围绕在我们身边，它拒绝内城中破烂不堪的街坊，也拒绝因酸雨遭受病患的光秃的山顶。社会正义认为全体人民的能源需求将使光和热不仅进入富人的高档社区，也要进入贫穷的低矮内城。而在能源生产中产生的危险副产品必须首先被彻底废除，即使不能完全做到，至少不应倾倒在无权无势的社区。① 理想中的生态社会应是一个公平正义的社会，这个社会赋予了人们高超的能力和强大的手段，鼓励人们去追求健康的、有序的生活方式。

---

① ［美］丹尼尔·A·科尔曼著；梅俊杰译. 生态政治：建设一个绿色社会［M］. 上海：上海译文出版社，2002，第108页.

第六章

以美丽中国指引生态文明建设的路径选择

　　自进入工业社会以来，工业化的社会生产和科学技术的不断发展，使人们在创造巨大物质财富的同时，也积淀了丰厚的精神财富，但随之出现的环境污染、生态破坏以及资源短缺的问题同样引起了我们的关注。为解决世界性的生态危机，使经济和社会得以持续发展，我们需要对旧的文明模式进行扬弃，在农业文明、工业文明的基础上，以信息文明为手段，将人类推向生态文明。

第一节　以科技创新驱动生态文明建设

一、科技的生态学转向

　　根据对科学技术态度的不同，绿色理论可以分为浅绿色（shallow green）和深绿色（deep green）两种。浅绿色认为，只要太阳能存在，人类就能通过科学技术的力量解决资本主义的生态危机。深绿色认为，科学技术不是万能的，它可以解决某一个或几个生态问题，却不能从根本上解决现代社会的能源危机和生态危机。生态危机的出现并不是表明技术出现了问题，而是表明现代工业社会的运行机制出现了问题，只有彻底地改造现代社会及人们传统的价值观念，才能从总体上解决人类面临的生态危机。浅绿色表现出的是技术乐观主义，深绿色表现出的是技术悲观主义。

　　浅绿色和深绿色是工业革命以来，人类统治自然思想的延续。在面对生态危机时，浅绿色就变成了改良主义，它主张在资本主义工业体系中，通过科学技术来改善生态环境，更新以往的工业体系，使自然能够更好地满足人类的欲望。而深绿色则把解决危机的希望寄托在对传统观念和社会结构的改革上。这样，在绿色运动中，绿色理论所展现出的技术悲观主义与技术乐观主义，以及他们提出的"回到自然中"与"宇宙殖民"的口号，从正反两方面对科学技术与生态危机的关系进行了论述，从而完成了对资本主义社会生态危机的纯科学技术的批判。

现代化是伴随着科学技术的发展而出现的，科学技术带来了大量的物质财富和丰富的精神生活，给人的解放也带来了希望。但是科学技术是一把"双刃剑"，它对现代化起到推动作用，促进了人类发展，同时也带来了消极影响，一方面，它把幸福和快乐给予了人类；另一方面，它也把烦恼和痛苦带给了人类。在当今中国，有很大一部分人还看不到科学技术的负面效应，在他们的眼里科学技术是天使，而不是魔鬼。赫伯特·豪普特曼指出了科学技术破坏生态环境的严重性：全球的科学家"每年差不多把200万个小时用于破坏这个星球的工作上，这个世界上有30%的科学家、工程师和技术人员从事以军事为目的的研究开发""在缺乏伦理控制的情况下，必须意识到，科学及它的产物可能公损害社会及其未求""一方面是闪电般前进的科学和技术，另一方面则是冰川式进化的人类的精神态度和行为方式——如果以世纪为单位来测量的话。科学和良心之间，技术和道德行为之间这种不平衡的冲突已经达到了如此的地步：他们如果不以有力的手段尽快地加以解决的话，即使毁灭不了这个星球，也会危及整个人类的生存。"① 我们必须清楚，科学技术本身是中性的，是无所谓善恶美丑的。

二、现代环境治理的技术方法

（一）推行清洁生产

绿色产品是清洁生产的产物，从狭义的角度分析，所谓的清洁生产是指对不包含任何化学添加剂的纯天然食品的生产，或者是对天然植物制成品的生产。此种意义上的产品是人们意念中最理想的产品，也是清洁生产的生产目标。从广义的角度分析，清洁生产是指在生产、消费及处理过程中，要符合环境保护标准，不对环境产生危害或危害较小，有利于资源回收再利用的产品生

---

① ［美］赫伯特·豪普特曼著；肖锋译. 科学家在 21 世纪的责任 ［M］. 北京：东方出版社，1998，第3~4 页.

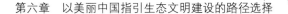

产。绿色产品的生产离不开清洁生产方式的支持，而要实现发展方式的转变，就要突破传统观念，投入更多的资金和改造落后的技术。在清洁生产中，还要实施全面的绿色质量管理体系。绿色管理体系的基本内容即 5R 原则：①研究（Research），重视对企业环境政策的研究；②减消（Reduce），减少有害废废物的排放；③循环（Recycle），对废弃物的回收再利用；④再开发（Rediscover），变普通的商品为绿色的商品；⑤保护（Reserve），加强环境保护教育，树立绿色企业的良好形象。这样，通过对工业生产全过程的控制，通过工艺设备、原材料、生产组织、产品质量的科学管理实施企业的绿色生产、清洁生产。清洁生产的推广，资源能源的节约以及工艺水平的不断提高，可以从源头上治理污染，使对生产过程的控制与清洁生产本身有机结合起来，尽可能把影响环境的污染物消灭在生产过程之中。在生产的工艺技术和管理中，综合考虑经济效益和环境保护，力争用最少的资源产出最大的经济效益。

（二）废物再生技术

发展环保科技，就要着重关注资源的再生利用，这是当前最迫切的任务。美国西北太平洋国家实验室的科学家发明了一种新方法，利用植物或废物制造出一种有用的化学品，包括燃料、溶剂、塑胶等，科学家的发明得到了美国总统绿色化学挑战奖。科学家是利用造纸的废物而制造出了一种名叫"乙醯丙酸"的化学品，这种新方法的成本是目前通行的生产方法的1/10。然后，通过对乙醯丙酸的加工，制造出更加环保的汽车燃料等各种化学用品。科学家利用乙醯丙酸与氢的混合，经过化学反应制造燃料，这种方法可以帮助处理生产纸张产生的废物。另外，美国的爱达荷工程及环境国家实验室的科学家通过对生产薯条后植物油的研究，制造出了"生物柴油"，这是一种燃烧更加充分，废气产生更少的柴油燃料，比普通的含有毒化学品的柴油更容易分解，减少了致癌物质的产生。美国堪萨斯州大学的苏比博士成功地从天然气中制造出了燃料，使燃料更加环保，产生的氧化氮减少10%，微粒状的废气则减少69%。[①]对废物进行回收和再利用，既有利于环境保护，又可以从中获取巨大的经济效益。对于我们建设资源节约型、环境友好型社会大有裨益，是实现小康社会的有效手段。

（三）燃煤大气汞排放控制技术

我国绝大部分的能源是通过燃煤获得的，而在煤炭燃烧过程中往往会释放

---

① 董险峰. 持续生态与环境［M］. 北京：中国环境科学出版社，2006，第184页.

出大量的汞，所以，大气汞污染中很大一部分是由于燃煤引起的，这就要求我国应该尽快开展这方面的研究，并制定出相应的政策和标准，尽可能地减少大气汞的排放。提高能源效率，减少能源使用，以降低燃煤大气汞排放。技术控制措施主要分为三种，即燃烧前脱汞、燃烧中脱汞和燃烧后烟气脱汞。目前，虽然我国已经拥有了多种控制燃煤汞排放的方法，但这些技术仍然亟待完善和进一步推广应用。洗煤是燃烧前脱汞的主要方法，通过洗煤可以除去原煤中的一部分汞，可以有效地阻止汞进入燃烧过程。但是由于原煤中的汞常常与一些矿物质结合在一起，这样在洗去煤炭中的汞的同时，也可以洗去矿物中大部分的硫化物和其他矿物质。洗煤技术简单，操作容易，并且成本较低，是减少汞排放的好方法，应该予以重视。常规物理洗选技术对原煤中汞的去除率可变性较大，对美国4个州煤层中选取的26份烟煤煤样进行煤洗分析，结果表明汞的去除率变化范围为12%～78%。当原煤中的汞与无机矿物质结合在一起时，传统的物理洗煤方式能有效去除原煤中的汞，但是与有机物结合的汞则很难在洗选过程去除，且处理费用较高。除常规洗煤方法外，利用选择性烧结法或柱式泡沫浮选法可进一步去除汞。总而言之，由于洗煤不是完全解决燃煤过程中汞污染问题的唯一方法，所以我们仍然要重视燃烧中和燃烧后脱汞技术的研究。

（四）全面促进资源节约

人口众多、资源相对不足、环境承载能力较弱，是中国的基本国情。当前，我国人口还在不断增长，人均资源占有量少的问题依然突出。资源短缺是中国经济社会发展的软肋，淡水和耕地紧缺是中华民族的心腹之患。随着我国全面建成小康社会的进程加快，经济规模的进一步扩大，工业化进程的推进，城市化步伐的加大，居民消费结构的逐步升级，对资源的需求必然大幅增加资源供需矛盾将进一步加剧。因此，节约资源是保护生态环境的根本之策。党的十八大报告对全面促进资源节约做出了具体部署，明确了全面促进资源节约的主要方向，确定了全面促进资源节约的基本领域，提出了全面促进资源节约的重点工作。

1. 推动资源利用方式根本转变

资源是增加社会生产和改善居民生活的重要支撑，节约资源的目的并不是减少生产和降低居民消费水平，而是用更少的资源生产相同数量的产品，或者用相同数量的资源生产更多的产品、创造更高的价值，使有限资源更好地满足人民群众物质文化生活的需要。只有通过资源的高效利用，才能实现这个目标。因此，转变资源利用方式，推动资源高效利用，是节约利用资源的根本途径。但是，我国传统的生产模式是一种"资源—产品—废弃物"单向流动的线性经济，资源利用率较低。2013年我国国内生产总值约占世界的12.3%，但消耗了全球22.4%的能源、47.3%的钢铁，水资源产出率仅为世界平均水平的62%。① 生态文明社会的生产模式以合理利用资源、减少废弃物的排放为特征，在物质循环中最大限度地利用资源，是一种非线性的、循环的生产模式。因此，转变资源利用方式，是在生态文明理念下全面促进资源节约的关键环节。

以我国矿产资源开发利用为例，一方面我国面临矿产资源的供应短缺，另一方面粗放式开发又在极大地浪费资源和污染环境。因此，应该通过加强科技创新，提高资源利用的水平和效率，加强非常规资源的勘查与开发，促进战略性新兴产业的发展。同时，应该加强资源综合利用，实现贫矿变富矿、小矿变大矿、一矿变多矿以及无用矿变有用矿，不断提高矿产资源保障程度，以环境友好的方式利用自然资源，实现资源开发利用的生态化。另外，应该在立足国内的前提下，充分利用"两种资源、两个市场"，积极参与全球矿产资源配置，拓展境外资源利用的空间和能力，同时加强矿产资源储备。

2. 推动能源生产和消费革命

节约能源是节约资源的最重要组成部分，资源节约必然要求高度重视和加强能源节约。能源安全是关系国家经济社会发展的全局性、战略性问题，对国家繁荣发展、人民生活改善、社会长治久安至关重要。面对能源供需格局新变化、国际能源发展新趋势，必须把节约能源放在全面促进资源节约工作的突出位置，大力推动能源生产和消费革命，控制能源消费总量，加强节能降耗，支持节能低碳产业和新能源、可再生能源发展，确保国家能源安全。

2014年6月，习近平主席主持召开中央财经领导小组第六次会议，就推动能源生产和消费革命作出了具体部署。第一，推动能源消费革命，抑制不合理能源消费。坚决控制能源消费总量，有效落实节能优先方针，把节能贯穿于经济社会发展全过程和各领域，坚定调整产业结构，高度重视城镇化节能，树立勤俭节约的消费观，加快形成能源节约型社会。第二，推动能源供给革命，建立多元供应体系。立足国内多元供应保安全，大力推进煤炭清洁高效利用，着力发展非煤能源，形成煤、油、气、核、新能源、可再生能源多轮驱动的能源供应体系，同步加强能源输配网络和储备设施建设。第三，推动能源技术革命，带动产业升级。立足我国国情，紧跟国际能源技术革命新趋势，以绿色低

---

① 《中共中央关于制定国民经济和社会发展第十三个五年规划的建议》辅导读本 [M]. 北京：人民出版社，2015，第181页.

碳为方向，分类推动技术创新、产业创新、商业模式创新，并同其他领域高新技术紧密结合，把能源技术及其关联产业培育成带动我国产业升级的新增长点。第四，推动能源体制革命，打通能源发展快车道。坚定不移推进改革，还原能源商品属性，构建有效竞争的市场结构和市场体系，形成主要由市场决定能源价格的机制，转变政府对能源的监管方式，建立健全能源法治体系。第五，全方位加强国际合作，实现开放条件下能源安全。在主要立足国内的前提条件下，在能源生产和消费革命所涉及的各个方面加强国际合作，有效利用国际资源。①

我国部分省区，比如内蒙古等地由于地理位置的原因，曾经长期发展滞后，但紧紧抓住国家大力调整能源结构的机遇，充分发挥比较优势，以风电和光伏产业为重点，依托国家特高压网建设，促进风、光、火电打捆外送，大力优化能源结构，对推动能源生产和消费革命提供了有益探索。② 在太阳能方面，内蒙古的太阳能总辐射量在 5 000 兆~6 400 兆焦耳/平方米，年日照2 600~3 400 小时，仅次于西藏，居全国第二位。2013 年内蒙古拥有具备生产能力的太阳能光伏制造企业 11 家，拥有项目 15 个。2014 年 1~8 月，单晶硅生产量达到 5 200 吨，多晶硅生产量达到 7 300 吨。内蒙古已初步构建起了以多晶硅材料为核心，硅片、太阳能电池片和太阳能电池组件生产为相关配套的光伏产业链，并重点建设了 5 个光伏产业园区。在未来几年，内蒙古应提高光伏产业的集中度，防止产能盲目扩张，减少恶性竞争，淘汰落后产能。此外，内蒙古应该加大企业研发力度，增强自主创新能力，提高企业的核心竞争力，探索推动能源生产的合理途径。

3. 开发、利用新能源

联合国开发计划署（UNDP）把新能源大体分为大中型水电、新可再生能源和传统生物质能三个大类。从目前世界各国生态资源环境的状况分析，大规模地开发利用新能源是未来各国能源战略的重点。因为化石能源是不可再生的，所以世界各国在使用传统能源发展经济的同时，也在积极开发新能源，一些西方国家在经历了金融危机之后，其发展理念中的绿色内涵变得更加丰富，争相实施绿色新政，一边是恢复危机带来的创伤，一边是在"后危机时代"中谋求更好的出路。但是，作为最大的发展中国家的中国，其状况却不容乐观，我国新能源的发展面临着许多问题和挑战。

---

① 习近平主持召开中央财经领导小组会议强调积极推动我国能源生产和消费革命加快实施能源领域重点任务重大举措 [N]. 人民日报，2014-06-14.

② 李赛男，辛倬语. 清洁能源发展对内蒙古能源产业的影响及对策研究 [J]. 经济研究导刊，2015（16）.

（1）目前新能源的主要种类

第一，太阳能。2006 年世界太阳能光伏发电量比上年增长 41%，达到 252 万千瓦。在 2006 年世界光伏设施能力 177 万千瓦中，德国占 55%、日本占 17%、欧盟其他国家占 11%、美国占 8%、世界其他地区占 9%。德国是世界领先的光伏能源市场。世界光伏能力的 55% 都设置在德国，2006 年德国光伏工业销售额达到 38 亿欧元。德国光伏产业之所以发展势头良好，是因为德国《可再生能源法》的推动，以及各级政府的大力支持。

第二，风能。2006 年世界风电装机容量已达 7 422 万千瓦，比 2005 年增加 1 520 万千瓦，增长 25.6%。到 2006 年底，风电发展已涵盖世界各大洲，并呈快速增长态势。有分析指出，风力发电产业未来将成为最具商业化发展前景的新兴能源。我国可开发的风能总量有 7 亿至 12 亿千瓦。在 2020 年之后，我国风电可能超过核电成为第三大主力发电电源，在 2050 年可能超过水电，成为第二大主力发电电源。目前，在全球范围内风力发电都呈现出规模化发展的态势，包括欧美等发达国家和地区。在 2006 年，风力发电为欧盟提供了 3.5% 的电力，其中西班牙超过 6%、德国超过 7%、丹麦超过 20% 的电力供应来自风电。这表明，风力发电已经开始从能源配角慢慢转变为能源主角，成为世界上公认的最强的可再生能源技术之一，具有浓厚的商业性和竞争力。[①]

第三，核能。核能发电随全球电力生产的增长而稳步增长。截至 2006 年，全世界运转中的核反应堆 435 座，有 29 座以上在建设中，这些核电站满足了全球 6.5% 的能源需求，每年要消耗近 7 万吨浓缩铀。它们的年发电量约占全球发电总量的 16%。美国运转最多，为 103 座；法国为 59 座；日本为 55 座；俄罗斯为 31 座。现在核能发电站的扩建主要集中在亚洲，印度的核能比例小于 3%，但印度的计划却令人惊讶，预计到 2052 年印度的核能将达到电力供应的 26%。中国预计到 2020 年核能发电将占总电力的 4%。中国铀矿资源为 100 万至 200 万吨，经济可采储量约为 65 万吨。一般认为，中国的铀资源对核电的发展是"近期有富裕，中期有保证，远期有潜力"。中国未来核电发展是投入问题、技术问题、环境问题。

（2）我国新能源发展存在的问题

目前，我国的能源结构仍然是以燃煤为主，约占 70%。二次能源以电力为主，其中火电占 80% 左右，能源安全方面表现为石油短缺问题，石油对外依存度达到 50% 左右。2012 年，中国煤炭消费世界第一，石油消费世界第一。不难看出，中国全面小康社会建设与传统能源供给之间的矛盾越来越大，如果

---

① 刘江."风电"疾速扩张国家目标提前两年完成 [J].中国经济周刊，2008-11-04.

不解决，势必影响到经济社会发展的全局。发展新能源就成为当仁不让的上上之选，但是目前我国的新能源产业面临的问题重重，如果不能正确认识，并采取有效措施加以解决，经济发展与资源能源之间的矛盾有可能会突破经济领域，而成为全社会的问题，影响到社会的稳定发展。

当前我国新能源领域存在的问题表现在以下几个方面。

第一，有效的经济扶持和激励政策亟待建立。对各国来说，由于新能源仍属于新的经济发展对象，不可避免地会带来一些问题，比如新能源的新兴市场问题，政府的经济扶持和相关激励政策的缺失等。就目前的发展现状来看，有些国家的新能源产业发展迅速，势头惊人，相关技术稳定，积累了丰富的经验，这都是值得我们借鉴和学习的地方。美国、德国、日本等国在光伏领域之所以走在世界前列，与其政府在价格激励、目标引导、税收优惠、财政补贴、出口鼓励、信贷扶持、科研和产业化促进等方面的综合作用是密不可分的。我们应该探索出一条适合中国国情的新能源发展道路，学习西方发达国家的一些有益做法，避免走太多的弯路。例如在税收、补贴、低息贷款等方面，针对新能源产业美国政府制定了一系列优惠政策，这些政策对于新能源产业的健康发展起到了保障和激励作用。虽然我们在"十二五"经济发展规划当中提出了要大力发展太阳能、风能等新能源，也出台了一些相关法律法规和辅助政策，例如浙江、海南、黑龙江等地针对太阳能等产业出台了一系列政策，但是由于目前我国许多自然资源的权属不清晰，经常会出现多部门互相掣肘的现象，为了小集团、小圈子利益而颁布的政策打架现象随时可见，缺少相互协调的政策体系，新能源产业扶持效果大打折扣。目前与新能源产业相关的社会保障与激励机制还处在起步阶段，一些行业规范要求模糊，对企业的监管疏松，导致市场竞争无序，产品质量不稳定；加上新能源的高新技术特点明显，消费者接受需要有一个渐进过程，这些都是新能源市场的重大障碍，而市场需求的巨大波动，又反过来影响到新能源产业的健康发展，这就陷入了恶性循环的发展困境。

第二，新能源研发成本偏高，市场化任重道远。与常规能源相比，目前新能源的发展还处于低级阶段。煤炭、石油与天然气一直是我国能源结构中的重要组成部分，有数据显示，2007年的一次性能源消费结构中石油占20.1%、煤炭占69.5%、天然气占3.3%，其他清洁能源仅仅占7.1%。2009年，上述三大能源消费在我国一次性能源消费结构中的比例高达90.1%，从上述数据中可以看出，我国新能源的消费比例明显不足。我国的光伏电池产量占据全球市场1/3的份额，却有近90%是销往国外的，在国内形成不了完整的产业链。在光伏太阳能发电方面，日本的每千瓦综合安装成本平均比中国高出40%以

上，屋顶太阳能的安装成本在每千瓦5万元人民币以上。但从相对成本而言，日本的零售电价大约是每度电1.9元人民币，是中国的近4倍。失去成本优势，短期内也难以带来较好的经济效益，投资者把资金转移到其他领域就在所难免了。这种资金短缺、融资能力低下的状况势必影响到新能源的产品开发和规模化的产业经营。高昂的生产成本与不成熟的市场体系成为新能源健康发展难以逾越的障碍，也是我国新能源前景看好，却无法市场化和商用化的直接原因。

第三，新能源核心技术研发能力不足。在新能源核心技术研发方面，我们的水平偏低，具有明显的劣势。在我国新能源产业中有很大一部分是依赖廉价的劳动力成本，以加工制造为主，缺少自主性核心技术。我国对新能源核心技术并未完全掌握，关键部件仍然依赖进口。当前流行的先进的风电机组、生物质直燃发电锅炉、太阳能光电所需要的多硅材料等高技术、高附加值设备和材料，基本上依靠进口。技术性"瓶颈"的制约成为我国新能源产业发展步履维艰的根本原因。虽然新能源的环境污染较小，但由于缺少先进的提纯技术，生产过程难免会对环境造成一定的污染，而新能源产品在使用过程中同样也会带来再次污染。

（3）我国新能源发展策略

第一，构建新能源产业持续发展的社会机制。

新能源产业的发展与其他产业的发展一样，都是一种自然的生态过程。这种自然生态过程一方面体现在社会需求的刺激上，另一方面体现在相应社会机制的引导和完善上，企业则通过市场需求和自身的价值判断来决定产品的生产。其中，社会在引导和完善方面的前提条件，就是要充分尊重市场机制或利益机制的作用。例如在《京都议定书》中关于碳交易机制的问题，欧盟在这一点上表现出的对新能源产业发展的支持就非常值得我们学习，碳交易机制反映的是企业如何利用碳定价的有利条件来探寻有效而经济的减排途径，它给予了企业发展以持续的动力。欧盟碳交易体系运行多年以来，取得了明显的成效。从宏观上看，欧盟各国的碳排放下降幅度较大，各企业的履约率高；在微观层面上，企业管理层对碳排放问题的认识也在不断深化。在鼓励和培育新能源产业发展过程中，之所以强调可持续发展社会机制的重要性，而不是强调简单的政府购买或补贴，一是在于社会机制犹如一个杠杆支点，可以通过支点的移动有效调节供给与需求之间的利益均衡；二是在于社会机制是一种透明、公平的机制，可以引导任何有创新欲望和能力的企业从事创新，而不是面向个别

企业的创新。① 社会机制的健全和完善可以发挥企业在应对复杂多变的市场和社会时的应变和生产能力，充分调动其主观能动性，这是保障新能源产业健康发展的必要条件。

第二，积极参与国际新能源领域的合作。

随着传统资源能源的不断减少，发展新能源已经成为世界各国未来能源发展的重点。在我们已经涉及的新能源中，风能、水能、太阳能、地热能、生物质能、核能等都是重要的发展领域，这些新能源的市场潜力巨大。我国新能源与发达国家相比相对滞后，同时也存在比较明显的缺陷，新能源领域的科技研发和应用水平相对落后，资源相对短缺。我国应积极参与国际合作，在合作中取长补短，拾漏补遗，获取我们需要的先进技术、经验和资源。在参与新能源发展的国际合作中，我们一定要加强自身技术，提高自身的能力，避免再次走入西方发达国家的生态殖民主义陷阱，不能简单地以市场换技术或外汇，只要他们的产品和设备，却不能把核心技术掌握在自己手中，这样的话，我们将会成为他们的巨大市场和原料产地，失去在新能源领域的发言权和主动权。

第三，加强新能源科研资金投入，以技术创新带动产业升级。

当前，我国在科研和技术创新能力方面滞后是制约新能源产业发展的重大障碍。新能源的开发和利用离不开尖端科技的支撑，因此，新能源产业发展初期的经济成本必然高出其所获的经济效益，这就是为什么我们预见到了新能源的发展前景，生产企业和市场却屡屡受挫的一个重要原因。短期之内，常规能源的经济成本仍然要远远低于新能源。但从长期来看，随着新能源技术的不断发展，其生产成本将会远远低于常规能源成本。因此，科学技术是第一生产力的论断仍然是新能源产业的指导思想，我们发展新能源产业，首先要提高自身的核心竞争力。当然，在新能源技术的研究、开发和利用上要选准方向和重点，由于在"十一五"期间新能源技术优先发展的是风能、太阳能、生物质能，应首先解决大型风力发电和生物质能液体燃料生产的关键技术，提高新能源的技术装备水平和工艺水平，降低生产成本，为新能源的商业化和产业化奠定技术基础。生态环境为产业发展提供良好的社会环境，特别是在技术研发方面，要发挥企业、市场、政府的各自优势，整合各种资源，以技术创新带动产业升级，形成产学研一体化的科技创新机制，加快新能源时代的到来。

三、发展循环经济

马克思在《资本论》中论述循环经济思想时指出，由于资本主义生产方

---

① 张玉臣. 欧盟新能源产业政策的基本特征及启示 [J]. 科技进步与对策，2011（12）.

式的存在，工业废弃物和人类排泄物的数量不断增多，"对生产排泄物和消费排泄物的利用，随着资本主义生产方式的发展而扩大"①，"这种废料，只有作为共同生产的废料，因而只有作为大规模生产的废料，才对生产过程有这样重要的意义，才仍然是交换价值的承担者。"② 马克思指出，废料的减少部分取决于所使用的机器的质量，部分取决于原料在成为生产资料之前的发展程度。但无论是从交换价值和使用价值角度考虑，还是从可变资本和不变资本角度考虑，在经济发展过程中实现对废弃物的循环利用将成为必然。

（一）循环经济的内涵与特征

循环经济（Circular Economy）是把传统的线性生产改造为物质循环流动型（Closing Materials Cycle）或资源循环型（Resources Circulate）生产的低碳化发展模式，它把清洁生产和对废弃物的循环利用融为一体，要求运用生态学规律来指导人类社会的经济活动，本质上是一种生态经济。这里的清洁生产（cleaner production）包括了生产的能源、生产的过程和生产的产品都是清洁的无污染的，其基本内涵包括：目标——对资源的高效和循环利用；原则——减量化（Reduce）、再利用（Reuse）、资源化（Recycle），即"3R"原则；特征——物质闭路循环和能量梯次使用；模式——按照自然生态系统物质循环和能量流动方式运行的经济模式。目前对于循环经济概念的界定种类很多，但其基本含义与上面的阐述大体上一致，都重视物质的闭环流动，尊重生态学规律，旨在使经济系统与自然生态系统的物质循环相融合、相一致。

其基本特征表现在以下三个方面。

第一，遵循生态学发展规律，在自然界生态系统所能容纳的限度内实施经济行为，使整个经济系统具有明显的生态化倾向，使生产、分配、交换、消费等过程基本不产生或只产生少量废弃物，从而消解经济发展与环境保护的双重悖论问题。现在许多国家都非常重视循环经济的发展，德国的循环经济起源于"垃圾"，日本的"循环型社会"起源于"公害"，这些都是他们在解决生态资源问题过程中摸索出的经济社会发展模式。当前，发展循环经济是突破我国经济发展的资源"瓶颈"制约的根本出路，它可以将经济社会活动对自然资源的需求和生态环境的影响降到最低。大力发展循环经济，走科技含量高、经济效益好、资源消耗低、环境污染少、人力资源优势得到充分发挥的新型工业化道路，是从本质上坚持可持续发展，不断提高人民群众生活水平和生活质量

---

① 马克思恩格斯文集（第7卷）[C]. 北京：人民出版社，2009，第115页.
② 马克思恩格斯文集（第7卷）[C]. 北京：人民出版社，2009，第94页.

的有效手段。

第二，循环经济实质上就是建立一种新的有利于人类可持续发展的生存方式，包括生产方式和生活方式。这种新的生存方式更加关注人以及人的发展，它与以"物"为中心的传统生存方式有着明显不同。离开了人类主体，片面强调生产发展或环境保护的做法都是没有实际意义的，其本质上还是以物为本，而不是以人为本。发展循环经济的目的不是为单纯追求经济的增长，也不是为单纯保护自然，而恰恰相反，无论是发展循环经济也好，还是保护自然也好，其最终的目的都是为了人类可以获得更好更久的生存发展。"和谐社会""新农村建设""新型城镇化建设""低碳发展、绿色发展、循环发展""绿色GDP"和"以人为本"都是为实现这一目标而采取的措施，是表象而不是事物的本质所在。所以，发展循环经济的实质就是为了实现人类生存方式的自我超越和创新。

第三，循环经济的层次有大中小之分。循环经济就是在大循环、中循环、小循环的基础上，依托企业、工业园区和城市区域，通过立法、行政、司法、教育、科技、文化建设，宏观、中观、微观调控相结合，在全社会范围内实现人、自然、经济、社会的可持续发展。

（二）树立回收再利用思想

发展循环经济，要树立回收再利用的思想。在近代以前，人们生产生活的废弃物基本上没有干扰到自然界的物质循环过程。但在近代以来，由于科学技术水平的提高，大量原来自然界中不存在的东西被制造出来并消费，这类废弃物很难被自然本身所净化，并且对人极为有害，给自然界的物质循环系统带来了极大压力，产生了严重的生态危机。长期以来，在处理人与自然的关系中极端人类中心主义占据了上风，但是以人类为中心并不意味着人可以支配、战胜自然。恩格斯曾经对人类过度开垦自然，妄图支配和战胜自然的做法给予了深刻讽刺，指出人类对自然的胜利最终将以人类的失败而结束。所以，人类的任务应该是调节或适应人与自然的物质代谢的存在方式，而不是去占有或支配。一个大量生产的社会，必然同时是大量消费和大量废弃的社会。废弃物并非完全没有利用的价值，很多废弃物是可以作为二次原料进入生产领域的。如果大量废弃物不能回收利用，那就真的是废弃物了，不但浪费资源和劳动价值，而且严重污染环境。当然，资本主义并非一点不关心废弃物，一方面从追求利润的资本的逻辑出发，当再利用废弃物可以取得很好的经济效率时，他们会回收再利用。资本这样做的原因不是其使用价值，而是其经济效率。另一方面当废弃物增加时，作为垃圾，从公共卫生的观点看，它要求全社会的共同努力，拿出办法去解决。

我们必须对大量生产、大量消费、大量放弃的生存方式本身进行反思，无论是废弃物的产生还是再利用，只要人们的生产方式、生活方式不变，对废弃物的循环再利用恐怕是纸上谈兵的多。党的十八届三中全会报告在谈到建立完善生态文明制度时指出，干部考核不应只重视只关注经济 GDP 的增长，这只是考核标准之一，还应对两极分化、贫富差距、道德滑坡、环境恶化、资源浪费、社会稳定等方面进行综合性衡量。建设和谐社会，不仅仅要看经济的发展水平，还要看政治是否民主、生态是否文明、思想是否道德、社会关系是否和谐等。建设生态文明，就目前来说关键一点是要改变组织部门干部的政绩考核升迁标准，树立起领导干部的循环经济意识。

（三）建立相应的激励机制

随着改革开放的深入发展，我们发现，中国经济在高速增长的同时，也带来了严重的资源环境问题，而受到影响和破坏的资源环境问题又反过来制约经济社会的进一步发展，可以毫不夸张地说，中国的经济社会发展已经走入了资源环境的"卡夫丁峡谷"。要走出这种困境，中国必须谋求经济发展方式的转变，大力发展循环经济就是其中的重要内容。党的十七大报告在阐述生态文明时，提出要建设好"两型社会"的思想。党的十八大报告在阐述市场经济体制完善和经济发展方式转变时，提出要大力推动循环经济的发展。这就需要建立一个公平合理的激励机制，使政府、企、业与个人，局部利益和整体利益，自身利益与他人利益有机结合起来，在平等互利、自觉自愿的基础上参与到促进循环经济发展的实践当中。促进循环经济发展的激励机制主要体现在价格、税收和财政补贴以及干部考核体系等相关内容的完善上。

一是要使资源税走向规范化、合理化，加上财政补贴等手段的运用，尽可能地在生产活动、消费活动与循环经济发展之间建立起密切联系。我们可以从国外学习到许多优秀经验。美国鼓励燃料电池车和乙醇动力车的研发和使用，对购买这些新能源车辆的消费者给予较大的减税优惠；日本鼓励民间企业从事废弃物再生资源设备、"3R"设备投资和工艺改进等，并给予财政税收方面的优惠措施。中国是世界煤炭消费大国、石油消费大国，在消费大量的煤炭石油等不可再生能源时，由于受生产模式与传统消费模式影响，产生了严重的资源浪费和环境污染问题。例如焦炭行业属于高污染行业，环节多，强度高，但国家对焦炭征收的资源税在 8 元/吨左右，如此低廉的税费对于动辄几千元价格的焦炭而言，没有丝毫的影响力，更不用说依靠税费来抑制焦炭的疯狂生产和出口了。因此，形成科学、合理、规范的资源税收体系，特别是在煤炭、焦炭、稀有金属等资源方面，同时大力扶持新能源的研发和使用，并给予适当补贴，是发展循环经济的必走之路。

二是对那些储量稀少和价格严重扭曲的资源进行适当调整，使商品价格与市场的有效需求相一致，利用价格杠杆来抑制资源生产和消费上的非市场行为。例如由于中国电价存在严重的管制现象，导致了电价与生产成本之间严重偏离，资源的稀缺性、供求关系对电价的形成不起决定性的影响，其结果必然是，能够带来巨额经济效益的项目大量上马，哪怕是高耗能、高污染、浪费严重，甚至是劳民伤财、造成社会的不稳定也在所不惜。

三是要实施绿色 GDP 干部考核指标体系。在干部考核中既要看经济发展情况，又要看生态环境状况，用绿色 GDP 代替以往唯 GDP 主义是从的不合理考核体系，也就是把发展循环经济、新能源、保护生态环境等内容纳入考核体系中去。在发展循环经济中还要去除地方保护主义、小集团主义等只顾小家不顾大家的做法，按照国家的总体要求，结合本地区资源环境的承载能力，调整产业结构，发展新能源，加速循环经济的发展。

（四）平衡各方面利益

在循环经济的发展上，我们与发达国家相比基础条件比较差，许多核心技术和关键设备还需要进口，这就难免被动。因此，在循环经济发展的初期阶段，生产成本可能会相对较高，甚至入不敷出的情况也可能发生，这是转变发展方式，发展新兴产业必然要经历的阶段。在这种情况下，作为公共管理者的政府就要承担起自己的责任，利用有利的财政金融政策进行扶持，绝不能与民争利，也不能置之不理。当前，发展循环经济的重点是要确立科学、合理、公平的投融资体系和分配方式，利用财政、税收、金融方面的政策积极鼓励。要使循环经济真正能造福于民，就要在各级各类各部门之间平衡好利益关系，否则，再好的政策也可能半途而废或走向反面。作为公共管理者的政府要以提供各种服务和平台为主，要学会放权让利，适时调整政策，尽可能地遵循市场经济规律办事，把决定权放给企业和市场，维护市场竞争的公平性。当然，在发展循环经济中，我国还缺乏诸如信息处理中心、物资回收中心和废物交换中心等中介机构，在广泛吸纳民间资本、发挥非营利性社会中介组织积极性作用的基础上，形成政府、企业、个人的合力，取长补短，共同促进循环经济的发展。

由于各国的基本国情特别是社会制度、经济发展阶段、科技文化发展水平不同，所以各国在对循环经济的认识与实践方面有较大差异。如德国的循环经济起源于"垃圾经济"，并向生产领域的资源循环利用延伸；日本的"循环型

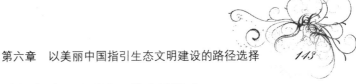

社会"也起源于废弃物问题，旨在改变社会经济发展模式。

我国正处于工业化阶段，还需要经历一个资源消耗阶段，因而我国必须一方面从资源开采、生产消耗出发，提高资源利用效率；另一方面在减少资源消耗的同时，相应地削减废弃物的产生量。我国发展循环经济的直接目的是改变"高消耗、高污染、低效益"的传统经济增长模式，走新型工业化道路，解决复合型环境污染问题，保障全面建成小康社会目标的顺利实现。

四、发展绿色技术

当前，加强生态技术创新，发展绿色技术成为科技创新的重点，特别是要加快先进适用的绿色技术的推广和应用。发展绿色技术，特别要鼓励生态科技型中小企业的发展，并在信贷政策、税收政策、财政政策等方面给予一定的倾斜，实行与国有企业相同，甚至是更优惠的政策。在生态化高新技术成果的转化方面，为生态型中小企业建立风险基金和创新基金，使社会资金流向促进生态科技进步的事业。发展绿色技术，就要使生态科技中介服务体系的功能社会化、网络化，推进生态科普工作的开展。要努力建设生态科技园区，以便于充分发挥绿色技术在经济发展中的辐射带动作用。发展绿色技术，就要加强绿色科技的培训工作，鼓励科技人员流向绿色技术推广应用的第一线。

科学技术的创新在很大程度上保证着节能减排目标的实现。近年来，欧盟国家在相关政策的引导和扶持下，大力发展节能减排技术，对工业制造业中的高耗能设备进行积极改造，他们把供热、供气和发电等方式结合起来运用，大大提高了热量的回收利用率。现在，欧盟成员国制造的具有节能减排功能的新型涡轮发电机已经批量投入使用，这种发电机利用工厂锅炉产生的多余动能进行发电，可以产生更多的电能，提高能效 30% 以上。欧盟成员国认为，一个社会是不是生态循环型社会，要看这个国家是不是真正形成了垃圾转换能源（WTE）的理念。这些思想和措施极大地促进了垃圾焚烧新技术和设备的开发，提高了垃圾中的有机物的燃烧和利用效率，减少了污染环境和温室气体等有害物质的形成。日本各大公司都在进行科技创新，特别是涉及国民经济的钢铁、电力、冶炼等部门，他们挖空心思地寻找节能减排的办法。丰田和本田是世界上生产混合燃料车技术的佼佼者，他们生产的新型混合燃料公交车节能效果极佳，并且没有废气排出的难闻气味，在行驶时也没有噪声，可以说是节能减排中的极品。

五、提高科技创新能力

世界发达国家的现代化建设经验表明，一个国家经济社会发展的动力主要分为要素驱动、投资驱动、创新驱动等类型。要素驱动是指主要依靠土地、资源、劳动力等生产要素的投入，获取发展动力，促进经济增长，它一般适用于科技创新匮乏的现代化建设初期。由于受自然资源有限性等条件制约，单纯依靠这种发展动力实现经济增长，常常会产生环境污染和生态破坏等问题。投资驱动是指依靠持续的高投资和高资本积累来获取经济社会发展的强大动力。实践表明，高投资和高资本积累不可能永远维持下去，在经济实现起飞和社会发展到较高阶段之后，这种投资驱动型发展模式就难以为继。创新驱动是指经济增长主要依靠科学技术的创新，通过技术变革提高生产要素的产出率，开辟新的资源能源来源，合理利用自然资源，形成少投入、多产出的生产方式和少排放、低消耗的消费模式，努力实现绿色发展、低碳发展、科学发展。大力提高科技创新能力，是时代发展的迫切需要，是生态文明建设的迫切需要。

大力提高科技创新能力，需要进一步解放思想，加快科技体制改革步伐，破除一切束缚创新驱动发展的观念和体制机制障碍。首先，应该处理好政府和市场的关系，通过深化改革，进一步打通科技和经济社会发展之间的通道，让市场真正成为配置创新资源的力量，让企业真正成为技术创新的主体。其次，应该大幅提高自主创新能力，努力掌握关键核心技术。要健全激励机制、完善政策环境，破除制约科技成果转移扩散的障碍，提升国家创新体系整体效能。再次，应该着力完善人才发展机制。建立更为灵活的人才管理机制，消除人才流动、使用、发挥作用中的体制机制障碍，最大限度地支持和帮助科技人员创新创业。最后，应该着力营造良好的政策环境。加大政府科技投入力度，引导企业和社会增加研发投入，加强知识产权保护工作，完善推动企业技术创新的税收政策，加大资本市场对科技型企业的支持力度。

创新驱动为我国生态文明建设注入了强大的动力。在一些省份，科技创新已经成为当地生态文明建设的主要支撑。比如贵州以生态文明理念支撑引领经济转型发展。贵州凭借先知先觉的战略敏感，利用当地生态环境好、气候凉爽等优势抢抓机遇，全力营造良好的政策环境，在大数据产业领域异军突起。此外，贵州众创空间快速发展。目前贵州众创空间已有40多家，其中18家被纳入第一批省级科技企业孵化器管理支持体系，有贵阳博雅众创空间、创想十梦工场、火炬青年创业互助社区、黔青梦工场等6家众创空间，被纳入国家级科技企业孵化器管理支持体系；贵州多年培育创制的食品安全云携手京东集团打造服务全国的首个电商食品安全云平台，创造了食品安全的"贵州模式"。①

---

① 创新驱动为贵州生态建设注入强大动力 [N]. 科技日报, 2015-06-25.

第二节　以产业转型升级推动生态文明建设

要促进生态文明建设的健康发展，就必须优化产业结构，促进产业结构的不断升级。产业结构升级包括两个方面：一是由于各产业技术进步速度不同而导致的各产业增长速度的较大差异，从而引起一国产业结构发生变化；二是在一国不同的发展阶段需要由不同的主导产业来推动国家的发展，伴随着经济发展的主导产业更替直接影响到一国的生产和消费的方方面面，在根本上对一国产业结构造成了巨大冲击。依据政府的宏观调控政策，优化生产要素在各个产业构成中的比例关系，合理地配置资源，不断提高产业的生产效率。优化产业结构，完善政府的相关政策和市场机制的正常运行，保证生产过程的生态化转向，也只有这样，才能实现经济和生态效益的"双赢"。

一、发展生态工业

（一）生态工业的内涵界定

所谓生态工业是以生态理论为指导，从生态系统的承载能力出发，模拟自然生态系统各个组成部分（生产者、消费者、还原者）的功能，充分利用不同企业、产业、项目或者工艺流程之间，资源、主副产品或者废弃物的横向耦合、纵向闭合、上下衔接、协同共生的相互关系，依据加环增值、增效或减耗和生产链延长增值原理，运用现代化的工业技术、信息技术、经济措施优化组合，建立一个物质和能量多层利用、良性循环且转化率高、经济效益与生态效益"双赢"的工业链网结构，从而实现科学发展的产业。在生态文明建设的过程中，能否转变发展方式的关键就在于能否发展生态工业。

（二）改善工业结构，调整工业布局

改善工业结构，调整工业布局，要求我们在新型工业化进程中大力推进生态农业、生态工业和循环经济的发展，推动发展模式由环境污染型向环境保护和友好的方向转变，逐步改变生态产业在国民经济中较弱的态势，大力发展生态经济，使其逐步占据主导性地位。在农村，要加强农村经济结构的调整力度，放眼发展农林牧副渔等效益农业，从国内外市场的需求出发，开发适销对路的农副产品，提高农产品的附加值，充分利用森林、土地、水源等自然资

源,使绿色食品和有机食品体系朝着结构优化、布局合理、标准完善、管理规范的方向发展。要积极推行清洁生产,增加清洁能源的比重,在工业生产中实现上、中、下游物质与能量的循环利用,减少污染物的排放。传统工业模式的发展不同程度地依赖于自然资源的投入,同时对人类的生存环境也造成了不同程度的影响,中国如果只发展资源密集型产业,生产初级产品,必然会大量消耗国内的资源,引起生态环境的退化和环境污染,不仅使我国丧失在国际市场上的竞争力,也影响我国的可持续发展能力。我国的高新技术产业增加值的比重只占 12.6%,远低于世界发达国家的 30% 的水平。要大力发展技术含量高,资源消耗少,污染程度低的基础产业和新兴产业,开发自己的优势产品,形成自身的品牌效应,力争建成一批既符合自然生态规律,又能有效提高经济效益的新兴产业群。我们本着"有所为,有所不为"的原则,把重点放在潜力较大的高新技术领域,如新能源、新材料、基因工程、现代生物技术、通信、激光等。加快培养一批高技术人才队伍。我们应该大力发展环保产业。根据OECD(经合组织)的界定,我们要因地制宜、因时制宜、因事制宜,推广风力发电、太阳能利用、节电节水工艺,降低资源消耗,并逐步提高第三产业在国民经济中的比重,实现产业结构由"第二产业—第三产业—第一产业"即"二三一"的顺序向"第二产业—第二产业—第一产业"即"三二一"的顺序的转变。

二、发展生态农业

(一)生态农业的科学内涵

可持续农业理论是美国加利福尼亚州在《可持续农业教育法》(1985年)中提出来的,旨在重新思考并选择农业的发展道路,以妥善解决人类面临的共同的生态资源环境以及食物等重大问题。世界环境与发展委员会在1987年提出了"2000年转向持续农业的全球政策";联合国粮农组织在1988年制定了"持续农业生产对国际农业研究的要求"的文件;联合国的粮农组织在1991年发表了"持续农业和农村发展"的丹波斯宣言和行动纲领。20世纪90年代,人们普遍接受了可持续农业与农村发展(sustainable agriculture and rural development)这一更加完整的概念。"管理和保护自然资源基础,并调整技术和机构改革的方向,以便确保获得和持续满足目前几代人和今后世世代代的需要。因此是一种能够保护和维护土地、水和动植物资源,不会造成环境退化,同时技术上适当可行，经济上有活力，能够被社会广泛接受的农业。"①

　　生态农业（eco-agriculture）这个概念最早是由美国土壤学家威廉姆于1970年提出的，是在农业生态原理和系统工程的指导下，进行农业生产的模式。生态农业是一种新型的农业发展模式，可以有效地缓解资源短缺的问题。在1981年，美国农学家M. Worthington把生态农业定义为"生态上能够自我维持，低投入，经济上有生命力，在环境、伦理和审美方面可接受的小型农业"。欧盟认为生态农业是通过使用有机肥料和适当的耕作和养殖措施，以达到提高土壤长效肥力的系数，可以使用有限的矿物质，但不允许使用化学肥料、农药、除草剂、基因工程技术的农业生产体系。②

　　在1981年，我国提出了生态农业这一概念，它与西方国家生态农业概念有明显不同。国外高强度通过建立符合生态原则的农业生态系统，通过资源能源的优化配置，清洁生产，健康消费，注重土地的休整和土壤的改良，以提高农业经济的恢复力。而我国则强调人与自然的和谐发展，形成良性循环的互动机制，实现产、加、销一体化，牧、渔、林等各行业的整体协调发展。③中国国家环保总局有机食品发展中心（OFDC）对生态农业的理解是：遵照有机农业的生产标准，在生产中不采用基因工程获得的生物及其产物，不使用化学合成的农药、化肥、生长调节剂、饲料添加剂等物质，遵循自然规律和生态学原理，协调种植业和养殖业的平衡，采用一系列可持续发展的农业技术，维持持续稳定的农业生产过程。④生态农业的宗旨和发展理念是：在洁净的土地上，用洁净的生产方式生产洁净的食品，以提高人们的健康水平，协调经济发展和环境之间、资源利用和保护之间的生产关系，形成生态和经济的良性循环，实现农业的可持续发展。这种生态农业兼有了传统农业中资源的保护和可持续利用及"机械农业"中的高产高效的双重特点，又摒弃了传统农业中单一的低下的生产方式和"石油农业"中的资源消耗大的特点，是一种既能有效地避免环境退化，又能够促进经济发展的现代农业发展之路，是未来农业经济的发展方向。⑤

　　（二）从自然农法到生物控制

　　日本著名哲学家福冈正信依据中国道家的自然无为哲学，在否定科学农法

①　董险峰. 持续生态与环境［M］. 北京：中国环境科学出版社，2006，第68页.
②　高振宁. 发展中的有机食品和有机农业［J］. 环境保护，2002（5）.
③　曹俊杰. 中外现代生态农业发展比较研究［J］. 生态经济，2006（9）.
④　姬振海. 生态文明论［M］. 北京：人民出版社，2007，第269页.
⑤　姬振海. 生态文明论［M］. 北京：人民出版社，2007，第274~275页.

的同时，提出了自然农法的构想，他在几十年的农业实践中，使这一伟大构想获得了意想不到的成功，亩产量竟然达到了 400 公斤乃至 500 公斤以上。科学农法带来了文明和进步，但是它也有不可避免的缺陷和弊端。

福冈认为，近代的科学农法是一种浪费型农法。现代农业的高产主要靠大量的化肥农药以及频繁的机械作业，但是这些并不是积极的增产措施，而只是一种消极的预防减产的方法。化肥农药的大量使用破坏了食物的质量，人类企图依靠科学力量，特别是化学的力量来制造食品，其前途是非常可怕的。从客观上看，科学农法破坏了自然界的生态平衡，给人类的生存环境带来了极大的危害。福冈根据老子的"周行而不殆"的思想，认为地球是一个动植物、微生物共同构成的统一体，它们之间既有食物链，也有物质循环，处于反复不断的运动中，作为统一整体的自然界，是不允许人们按照自己的主观臆断任意分割、解释和改造的。一旦人插手于自然，会对大自然的生物链条造成严重破坏。自然农法的基本内涵包括不耕地、不施肥、不除草、不用农药等几个方面，它是以中国道家哲学作为其世界观依据的。在自然观上，老子认为"道"的运动是循环不息的，"周行而不殆"是他的循环思想的经典表述。福冈认为，大自然是一个无限循环的整体、有机的生物圈，生物之间是共存共荣的关系和弱肉强食的关系。而从群体性和超时空的角度看，它们都是按照固有的原则轨道反复循环。动物靠植物生存，动物的粪便及尸体还原于大地，成为小动物和微生物的食物；生活在土壤中的微生物死后被植物的根吸收转变为植物的养分。大自然的无限表现在其连锁关系的生物圈中，保持着均衡和正常秩序。福冈认为，自然农法就是从自然是一个整体这一基本观点出发的。如果人类以自己独具的智慧和行为（化肥农药机械）打乱自然的这种正常秩序，势必造成大自然循环的混乱，给人类带来生存灾难。"道"的本体及派生的万事万物是自然而然的，非人为而如是的。

卡逊在《寂静的春天》一书中，就化学杀虫剂的危害进行了详尽的描述。卡逊指出，"使用药品的这个过程看来好像是一个没有尽头的螺旋形的上升运动。自从 DDT 可以被公众应用以来，随着更多的有毒物质的不断发明，一种不断升级的过程就开始了。这种由于根据达尔文适者生存原理这一伟大发现，昆虫可以向高级进化从而获得对某种杀虫剂的抗药性，兹后，人们不得不再发明一种新的更毒的药。这种情况的发生同样也是由于后面所描述的这一原因，害虫常常进行报复，或者再度复活，经过喷洒药粉后，数目反而比以前更多。这样，化学药品之战永远也不会取胜，而所有的生命在这场强大的交叉火力中都被射中"。杀虫剂直接威胁到了生物多样性的存在。当人类信誓旦旦地宣告要征服大自然时，也就开始了一部令人痛心的破坏大自然的记录，这种破坏不仅直接危害到人们所赖以生存的自然界，而且也危害了与人类共同生存于自然中的其他生命。由于不加区别地向大地喷洒大量的化学杀虫剂，致使鸟类、哺乳动物、鱼类，甚至是各种各样的野生动植物都成了直接受害者。这个问题即是，任何文明是否能够对生命发动一场无情的战争而不毁掉自己，同时也不失却文明的应有的尊严。因此，人类应该慎重使用杀虫剂，而应利用生物来进行控制。"所有这些办法都有一个共同之处：他们都是生物学的解决办法。这些办法对昆虫进行控制是基于对活的有机体及其所依赖的整个生命世界结构的理解。在生物学广袤的领域中各种代表性的专家都正在将他们的知识和他们的创造性灵感贡献给一个新兴科学——生物控制。"[1]

(三) 从传统农业向生态农业转变

建设生态文明，需要实现从传统农业到生态农业的转变。生态农业的发展要遵循"市场化、信息化、集约化、生态化"的基本原则，走出一条农业生产一体化和农业生态化的发展之路，逐步完成从传统农业向生态农业的转变。从国民经济的产业结构分析，在发展生态农业过程中要注意以下几个方面。

第一，大力发展农业经济一体化。国民经济的产业结构体系是一个大系统，系统中各组成部分相互联系，相互作用。农业不可能孤立地发展，它需要和工业、服务业、信息业相联系，离开了这些方面的支持，农业生产就无法正常进行。因此，农业一体化就是指在整个农业生产经营活动中，把产前、产中、产后等都纳入国民经济活动中。一般来说，产前包括农药、化肥、种子、农机；产中包括播种、中耕、除草、收割；产后包括烘干、加工、贮藏、包装、销售。农业的整个生产经营活动，它的产前、产中、产后三个阶段，是一个包括产供销、农工贸、经科教在内的一体化体系。农业一体化坚持以市场为导向，以经济效益为中心，从宏观上优化农业资源的配置，并对各个生产要素重新进行排列组合。所以，发展生态农业，实现农业经济一体化是农业现代化的必由之路。

第二，促进农业的生态化发展。农业有大农业和小农业之分，大农业是指包括种植业、林业、畜牧业、副业和渔业等在内的农业生产体系。发展生态农业，调整农业生产布局时，既要考虑到所处的地理位置和环境的影响，也要考虑到人们的饮食营养需要。小农业是指一般意义上的种植业，种植的对象包括粮食作物、经济作物和其他作物。种植业生产是第一性的生产，它为其他生产

---

① ［美］蕾切尔．卡逊著；吕瑞兰译．寂静的春天［M］．长春：吉林人民出版社，1997，第245页．

提供直接或间接的原料。

第三，生态农业发展方式。在不断优化自然界生态环境的基础上，要把农业生态系统中的生产者、消费者、分解者联系起来，把它们之间的物质循环、能量转化、生物增长过程联系起来，使其形成一个动态的、平衡的良性循环过程。这就需要把生态农业的三大产业即种植业、畜牧业、食品加工业有机地结合起来，利用生态技术和生物工程，改造传统农业的耕作机制，形成以"种植业—畜牧业—食品加工业"为链条的产业发展结构。

(四) 我国生态农业发展的基本模式

生态农业的发展对于解决我国"三农"问题提供了有益启示，它不仅可以改善生态环境，而且可以促进农村经济的发展，增加农民收入，有利于农村的稳定和发展。截至目前，我国农村生态农业发展的基本模式包括以下四种。

第一，立体生态种植模式。这是一种有利于提高资源利用率的种植模式，立体种植是指依据自然生态系统的基本原理，在半人工的情况下进行的生产种植。立体种植模式巧妙地利用了农业生态系统中的时空结构，进行合理的搭配，形成了种植和养殖业相互协调的生产格局，使各种生物之间能够互通有无、共生互利。这样，既合理地利用了空间资源，又对物质和能量实施了多层次的转化，促使物质不断循环再生，能量被充分合理地利用。立体种植模式的特点之一，就是"多层配置"，即通过资源的利用率，土地的产出率，产品商品率来实现经济效益的最优化。

第二，发展节水旱作农业。我国属于缺水国，人均淡水资源仅为世界人均量的1/4，位居世界第109位。中国是全世界人均水资源最缺的13个国家之一。因此，要使我国的农业再上一个台阶，就要加强农田水利基本设施建设，发展节水旱作农业。为此，就要大力推广"十大技术"，即抗旱新品种及配套栽培技术；秸秆和薄膜覆盖技术；培肥地力，以肥调水技术；秸秆还田和过腹还田技术；少耕免耕保墒综合耕作技术；抗旱"做水种"等点浇保苗技术；水稻间歇灌和补充灌溉等模式化灌溉技术；机械化节水旱作农业技术；喷灌、滴灌、微灌技术；抗旱保水化学制剂使用技术。实施工程措施、生物措施、农艺措施、机械措施、高技术措施"五措并举"，蓄水、保水、节水、管水、科学用水"五水齐抓"，山、水、林、田、路"五字统筹"。

第三，生产无公害农产品。无公害农业是20世纪90年代出现在我国的一个新提法。无公害农业的内涵主要体现在两个方面，一是在农业生产过程中，不过量施用农药、化肥以及其他固体污染物，对土壤、水源和大气不产生污染；二是在没有受到污染的良好生态环境下，生产出农药、重金属、硝酸盐等有害物质残留量符合国家、行业有关强制性标准的农产品。同时，生产加工过程不能对环境构成危害。无公害农业的核心是无公害农产品，这些产品是在洁净的环境中生产的，并且在生产过程和加工过程中禁止使用化学制品。

第四，发展白色农业。白色农业是生态农业的希望，积极发展白色农业，就是一个依靠生物工程解决农业发展问题的新思路、新办法。白色农业依靠人工能源，不受气候和季节的限制，可常年在工厂内大规模生产。它节地节水，不污染环境，资源也可以综合利用。白色农业的科学基础是"微生物学"，其技术基础是生物工程中的发酵工程和酶工程。白色农业的生态性特征明显，即白色农业有利于保护自然生态环境。由于白色农业多在洁净的工厂大规模进行，受自然界气候条件影响较小，所以可以节约大量的耕地，真正实现退耕还林、退田还湖。发展工业型白色农业既可以保障未来人们的食物安全，又可以保护生态环境，是农业持续发展的重要途径。

三、发展生态服务业

生态文明建设的正常进行，离不开生态服务业的健康发展。我们应该把发展生态服务业放在经济社会发展的重要位置上对待，以增加就业、扩大消费，并通过市场化、产业化、社会化、城镇化来带动生态服务业的发展，提高生态服务业在国民经济中的比重。

（一）建立以环保产业为基础的绿色产业体系

经过30多年的发展，特别是实施"十一五"规划以来，我国环保产业发展迅速，总体规模不断扩大。随着环保产业领域的拓展和整体水平的不断提升，我国的环保产业在防治污染、改善环境、保护资源、维持社会的可持续发展等方面，发挥着积极的作用。但从总体上看，我国的环保产业仍然存在许多问题，整体水平与核心竞争力偏低；关键设备及相关技术仍然落后于发达国家；环境服务的规模小、市场化缓慢，还在起步阶段徘徊；环保产业的发展跟不上环保工作的要求。

第一，环保产业的发展离不开完善的政策体系的指导。建立健全环保方面的法律法规以及技术管理体系，有利于环保产业的健康发展。为此，我们就要加快制定我国环境方面污染治理技术政策、工程技术规范、环保产品技术标准等。通过相应的法律法规和政策制度的引导，鼓励那些技术先进、效益较好、高效环保的技术装备或产品的发展；限制或淘汰那些相对落后的技术设备和产品工艺的发展。

第二，环保产业的发展要求创新环境科技，提高技术水平。要大力推进技术创新体系的建设，充分发挥企业的主体作用、市场的导向作用。在国家的财政政策、金融政策等方面对环保技术的自主创新进行一定程度的倾斜，特别是要结合重大的环保项目，发展一批具有自主知识产权的环保技术。通过对环保技术的调整和优化，对于那些具有比较优势，国内市场需求量大的环保技术和产品加大扶持力度，并进一步巩固和提高；对于那些与国外先进水平差距较大，而在国内属于空白急需的环保技术和产品要特别关注、加快开发速度；对于有比较优势、有出口创汇能力的环保技术和产品要积极发展；对于那些性能落后、高耗低效、供过于求的工艺和产品要依法淘汰。

第三，发展环保产业要求增加投资，建立多元化的产业投资体系。对于环保产业的发展，各级政府负有不可推卸的责任。政府应该在投资数额、投资渠道上加大力度，建立健全与市场机制相适应的投融资机制，调动起全社会投资环保产业的积极性。

第四，环保产业的发展要求实现环境服务业的市场化和产业化进程。要大力推进污染治理设施运营业的发展，建立健全污染治理设施运营的监督管理，实现环境治理设施运营的企业化、市场化、社会化。在环保产业服务领域要杜绝垄断经营现象的存在，引入市场竞争机制，放宽市场准入条件，鼓励环保服务企业之间的优化组合、优胜劣汰。要建立健全环保产业服务体系，包括项目建设、资金流动、咨询服务、人才培训等方面，为环保产业发展提供综合性、高质量、全方位的服务，逐步提高服务业在环保产业中的比重。

(二) 调整优化服务结构，加快生态服务业发展

生态文明建设的正常进行，离不开生态服务业的健康发展。

第一，旅游业。发展生态旅游业，就要从生态景观、生态文化和民族风情三大主题入手，在旅游线路、景区的规划上做足文章，以优化配置旅游资源。鼓励"生态旅游城市"的创建活动，加大对生态旅游产品的开发，使生态旅游产业形成一定规模，成为生态服务业中的"重头戏"。生态旅游业有三个方面的作用："经济方面是刺激经济活力、减少贫困；社会方面是为最弱势人群创造就业岗位；环境方面是为保护自然和文化资源提供必要的财力。"[①] 生态旅游业以旅游促进生态保护，以生态保护促进旅游，它是一项科技含量很高的绿色产业。故首先要科学论证，否则，将造成不可逆转的干扰和破坏；其次，要规划内容，使生态旅游成为人们学习大自然、热爱大自然、保护大自然的大学校。

---

① 黄顺基."生态文明与和谐社会建设"笔谈 [J].河南大学学报，2008 (6).

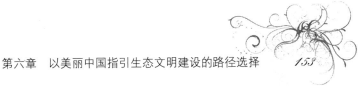

第二，商贸流通业。发展商贸流通业就是要在主要产品集散地，形成大宗生态商品的批发贸易，加强生态产品市场的建设，扩大其经营规模；可以采用连锁直销、物流联运、网上销售等方式，提高生态商贸流通的质量和效益。

第三，现代服务业。要不断完善涉及生态产品市场的运作与经营，培育和发展生态资本市场，扩大金融保险业的业务领域，促进现代服务业的完善。积极发展地方性金融业，推进证券、信托等非银行金融机构的建设；加快发展会计、审计、法律等中介服务，提高生态服务业的整体水平。在社区，生态服务业要重点放在以居民住宅为主的生态化的物业管理上，引导文化、娱乐、培训、体育、保健等产业发展，使社区的服务业自成体系，形成各种生态经营方式并存、服务门类齐全、方便人民生活的高质量、高效益的社区服务体系。

第四，发展生态经济。虽然自然界本身具有自力更生的能力，但是受自然界自身规律的制约，在一定条件下自然界的资源储量和自净化能力是有限的，所以人类在生产劳动中要注意节约和综合利用自然资源，促进生态化产业体系的形成，使生态产业在经济增长中的比重不断上升。生态经济其实就是生态加经济的代名词，它是指经济发展与生态保护之间的平衡状态，是经济、社会、生态三者之间效益的有机统一。生态经济强调以人为本，也就是以人的幸福生存、健康发展作为一切经济行为背后的基本动因。当前，生态经济发展的重点除了前面已经论述过的调整经济结构的相关内容外，还涉及开发新能源、发展循环经济、发展生态信息业等方面的内容。

第三节　以生态文化引领生态文明建设

人类文化生态化的结果孕育着生态文明，不同时期的社会文明有不同起主导作用的文化，与生态文明相适应的主导文化是生态文化。生态文明程度的提升，必然要依靠生态文化建设的支撑。生态文化是生态文明的思想和理论基础，生态文化是生态文明的核心内容，是生态文明的灵魂，生态文化引领着生态文明的建设。

一、生态文化的内涵与结构

（一）生态文化概说

本章所论的"文化"是狭义的"文化"，指"由信仰、价值观、象征、符号和论述构成的复杂领域"。哲学、宗教、艺术、科学和各种学术典型也属于狭义文化范畴。

生态文化就是渗透了生态学知识和生态主义（ecologism）价值观的文化。关于何谓生态学，无需在此赘言，读生态学教科书即可明白。但有必要解释一下何谓生态主义价值观。英国邓迪大学政治学系教授布赖恩·巴克斯特（Brain Baxter）把生态主义界定为一种意识形态。他说："在意识形态的天空，生态主义是一个新星。"它包含了诸多理念和规范，这些理念和规范是由关心环境的各种思想家在过去的三四十年中依据人文科学、社会科学和自然科学的成果而提炼出来的。生态主义是 20 世纪六七十年代以来，关心环境的各种思想家们从当代人文科学、社会科学和自然科学中提炼出来的一种崭新的意识形态。

巴克斯特概括了生态主义的"三个主题"：①我们必须生活在这些极限的范围内；②人类应该给予其他生物以道德关怀；③人类与地球生物圈是相互联系的。[①] 巴克斯特本人认为，第二点才是生态主义的最重要的观点，坚持这一点，不依赖于坚持第一和第三点，即使第一点和第三点不能成立，也不影响一个人坚持第二点，即给地球上的非人生物以道德关怀。他说：生态主义"重点强调'道德诉求'，强烈支持'相互联系性'主题，妥善处理'极限性'主题。它既是以科学为导向的，又是自然主义的。"[②]

我们认为，巴克斯特抓住了生态主义的要点，但我们不赞成他的道德主义的倾向。我们认为，一种道德观点（或立场）必须能获得某种经得起实践检验的科学理论的支持，生态主义所蕴含的道德观点也不例外。我们认为，生态主义的四个主题如下。

（1）普遍联系论。万物皆处于普遍联系之中，用康芒纳的话说，即"每一事物都与别的事物相关"。

（2）人类的依赖性。人类的生存离不开生态系统，人类在生态系统之中如鱼在水中，人类离不开非人生物，人类必须谋求与非人生物的和谐共生和协同进化。

（3）地球的有限性。至今人类尚未发现有生态系统的星球，故人类的生存与繁荣依赖于地球生物圈的健康。地球生物圈的承载力是有限的，人类对地球各种生态系统的干预力度超过一定量级时，会导致地球的生态崩溃，从而导

---

① 布赖恩·巴克斯特著；曾建平译. 生态主义导论［M］. 重庆：重庆出版社，2007，第 9 页.

② 布赖恩·巴克斯特著；曾建平译. 生态主义导论［M］. 曾建平译. 重庆：重庆出版社，2007，第 9 页.

致人类自身的毁灭。

（4）人类道德自律论。并非能够做的都是应该做的，人类必须强化道德的"应该"对科技的"能够"的约束。

所谓生态文化就是以上生态主义思想和生态学知识渗透其中的文化，如生态哲学、生态化宗教、生态艺术和实现了生态学转向的科学，等等。

（二）生态哲学

生态哲学就是生态主义哲学，或支持生态主义的哲学，涵盖生成论或有机论的自然观，整体主义或系统论的认识论和方法论，以及反物质主义的价值观。我们在沿用自然观、认识论、方法论、价值观（论）这样的哲学术语时，决不暗含它们彼此之间界限分明的意思，在我们的哲学思想中，自然观、认识论、方法论、价值观总是互相渗透、互相关联的。

生成论或有机论的自然观反对物理主义和机械论的世界观，即认为世界或自然并非物理实在的总和，自然是生生不息、运化不已的，用普利高津的话说即"自然是具有创造性的"。自然中的万事万物都处于生生灭灭的运化过程之中，包括物理学所描述的种种事物，如基本粒子、场、能，等等。

整体主义不仅是一种认识论和方法论，而且是一种自然观（或存在论）。它的功能则该由熟悉它的石匠、建筑师或园林装潢工去描述。可真实描述它的不同线索在原则上是无穷尽的。可见，我们不可能穷尽对它的认识。所以，生成论的自然观拒斥逻辑主义认识论，认为具有创造性的、生生不息的、蕴涵无限奥秘的自然绝不可能被任何一种数学体系所"一网打尽"，科学之所知相对于自然所隐匿的奥秘永远只是沧海一粟。逻辑和数学是我们认知世界的方法，是人际交流的规则；逻辑和数学至多构成自然秩序的一个维度，任何一个逻辑体系和数学体系都不能代表自然秩序之总和，人类在任何时候发现或建构的逻辑体系和数学体系之总和也不能代表自然秩序之总和。生态主义哲学认为，统一科学是不可能的，科学永远是多种多样的。这便是关于科学知识的科学多元论（scientific pluralism）。美国科学哲学家吉尔认为，科学多元论本身可在科学框架内得以论证。既然如此，科学就没有什么整体性的"内在逻辑"。这便意味着，科学不应该有其自主的、独立的进步方向，科学永远都应该以人为本，即服务于人类对意义和幸福的追求。

整体主义和生成论也反对存在论的还原论和排他性的方法论还原论。存在论的还原论认为，世界万物都是由基本粒子、场一类的"宇宙之砖"（"本原"或"基质"）构成的，科学只要把握了这些"宇宙之砖"，即可发现囊括一切自然奥秘的终极理论（final theory）。排他性的方法论还原论认为，分析的方法、把复杂事物变成简单构成单元的方法、把纷繁复杂的现象归结为数学模型的方法是唯一的发现真理的方法，物理学是可望发现终极理论的科学，一切真知都必须奠定于物理学的基础之上。整体主义和生成论既然认为自然永远处于生生不息、创化不已的过程中，就不认为存在什么构成万物的"本原""基质"或"宇宙之砖"，它们更看重系统论的方法，注重研究各种系统内不同部分（子系统）之间的互动关系，如生态学就十分注重研究生态系统内生物与物理环境之间的互动、不同物种之间的互动等。

生态主义哲学反对物质主义价值观和人生观。现代哲学家中似乎很少有人直接为物质主义价值观和人生观辩护，但物理主义世界观和科学主义知识论支持物质主义。物理主义和科学主义认为，科学进步将渐次逼近终极的理论。终极理论就是掌握"自然的终极定律"的理论，"知道了这些定律，我们手里就拥有了统治星球、石头和天下万物的法则。"① 人类既然"拥有了统治星球、石头和天下万物的法则"，就可以在宇宙中为所欲为。资本家和经济学家特别希望人们都按物质主义的指引生活，多数人似乎也喜欢这样的生活，即希望有越来越大的住房、越来越多的汽车、飞机、火车……生态主义基于地球生态系统承载力的有限性而指出，自然不容许人类集体过这样的生活。物理主义者和科学主义者往往对生态主义者嗤之以鼻：你们真是杞人忧天，随着科技的进步，一切都会变得更好，资源问题、人口问题、环境问题、生态问题都会随着科技的进步而烟消云散；生态学根本就不够科学的资格！科技进步能保证人类越来越能够在宇宙中为所欲为，当然也能保证让人类追求越来越多的物质财富。然而，生态主义者不会被退让，他们更相信生态学，而不相信什么逐渐逼近"终极理论"的科学。根据生态学原理和地球有限性的事实，我们很容易证明，几十亿人按物质主义指引的方向追求人生意义和幸福，只会走向毁灭的深渊。

现代伦理学有一个教条：你不能用事实判断去支持一个价值判断，你也不能用实证科学命题去论证伦理学命题，如果你这么做，就犯了"自然主义谬误"！生态主义是一种自然主义，故全然不顾这一教条。物质主义是一种价值观，我们就是用生态学原理和地球是有限的这一事实来证明物质主义价值观的荒谬的。这一论证是清楚明白的：物质主义价值观在当代就表现为消费主义和经济主义；消费主义和经济主义已渗透在社会制度之中，已积淀在大众的生活习性之中；这便决定了现代人"大量生产—大量消费—大量废弃"的生产生

① 史蒂文·温伯格著；李泳译. 终极理论之梦 [M]. 长沙：湖南科学技术出版社，2003，第194页.

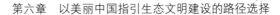

活方式；恰是这种生活方式导致了全球性的生态危机，如果人类不改变这样的生产生活方式，地球生态系统将会趋于崩溃；当地球生态系统走向崩溃时，人类便必将走向灭亡。这表明，物质主义价值观不仅是粗俗的、浅陋的，而且是错误的、荒谬的、危险的。

生态主义哲学将会丰富历史唯物论。历史唯物论的特色在于它不用人类的思想变化（精神因素）去解释历史的演变，而用物质因素的变化——物质资料生产方式（即技术和生产关系）去解释历史的演变。但当我们深究生产方式为什么会进步，即技术为什么会进步，生产关系为什么会改变时，难免又回到历史唯心主义的老路：因为人类需要在改变（增长），而"人类需要"不是一个纯粹物质性的东西。当你追问人类需要为什么会增长时，很自然的回答是：人们的观念在改变。生态主义哲学要求我们在解释人类历史的演变和谋求社会发展时，不要忘了生态系统的健康状况这一人类生存的基本物质条件。像现代工业文明这样肆无忌惮地追求物质生产力的发展，非但不能保证人类文明的进步，还会破坏人类生存所必需的基本物质条件，导致人类文明的毁灭。

（三）生态文化宗教

人是追求意义的，是悬挂在自己编织的意义之网上的文化动物。对意义的追求典型地体现为文化精英们的思想批判和创新。芸芸众生似乎谈不上什么意义创造，因为他们通常接受主流意识形态所教导的一套关于人生意义的说教，或有意无意地接受了传统所内蕴的意义。宗教或类似宗教的意识形态对芸芸众生来讲是不可或缺的。他们通过自己所信仰的宗教而理解人生的意义，并获得精神慰藉和归属感。

科学主义者认为，随着科学的进步和普及，宗教会趋于消亡。但统一科学努力的失败和科学多元论的凸显将表明，宗教会长期存在。因为人们需要信仰，没有信仰人们就无法获得对人生意义的明确理解，从而就没有明确的人生方向。科学连实证知识都统一不了，就更无法统一各种不同的宗教。

通常讲我国有五大宗教（合法的宗教）：佛教、道教、伊斯兰教、天主教和基督教。

传统的佛教和道教就具有生态主义倾向。佛教认为众生平等，故反对杀生，即认为杀死任何动物（包括昆虫）都是不对的。从生态主义的角度看，这是过分仁慈的。自然界的不同物种处于食物链或食物网的不同地位，捕食与被捕食关系是一种自然关系。人只要不违背生态规律，食用非人动物就是正当的。佛教要求人们破除各种执着，便自然强烈地反对物质主义。

道教本于老子的《道德经》，是最符合生态主义的宗教。《道德经》所阐发的价值观是彻底的反物质主义的。

《道德经》是坚决反对唯理智主义的，同时坚决反对滥用智能和技术的。其典型的表达有："绝圣弃智，民利百倍"；"绝巧弃利，盗贼无有"；"民多利器，国家滋昏；人多技巧，奇物滋起"；"民之难治，以其智多。故以智治国，国之贼；不以智治国，国之福"。

2010年墨西哥湾持续四个多月的漏油事件能佐证舒马赫的观点。老子仿佛早就知道甘于居小的好处，他说："小国寡民。使有什伯之器而不用；使民重死而不远徙。虽有舟舆，无所乘之，虽有甲兵，无所陈之。使民复结绳而用之。甘其食，美其服，安其居，乐其俗。邻国相望，鸡犬之声相闻，民至老死不相往来。"[①]

我们不难从《道德经》和其他道教经典中发现更多的符合生态主义的观念。

天主教和基督教可合称为基督宗教。基督宗教的自然观与东方的自然观根本不同。1967年林·怀特（Lynn White, Jr.）在《科学》杂志上发表了影响深远的《我们生态危机的历史根源》一文。他说："我们现在的科学和现在的技术都充满了正统基督教对自然的傲慢，仅凭科学和技术无法解决生态危机问题。既然在如此深远的意义上我们的麻烦的根源是宗教的，则解决的办法根本上必须也是宗教的，无论我们是否把它称作宗教的。"林·怀特认为，在所能见到的世界宗教中，"基督教以其特有的西方形式是最为人类中心主义的宗教。"基督教认为，人在很大程度上有了上帝对自然的超越性，基督教绝对不同于古代异教（ancient paganism）和亚洲宗教，它不仅确立了人与自然的二元论，还坚持认为上帝希望人类按自己的目的剥削自然。林·怀特说："在我们的文化史上，基督教战胜异教是最伟大的精神胜利。无论好歹，我们生活在'后基督教时代'已成为一种时髦的说法。我们的思考和语言形式诚然在很大程度上已不再是基督教的了，但在我看来，实质常常与过去的思考和语言形式保持着令人惊异的联系。例如，我们的日常行动习惯就受永远进步的隐含信念的主导，而古希腊、古罗马和东方就没有这样的信念。这一信念植根于犹太—基督教神学，脱离了犹太—基督教神学它便无法获得辩护。"依林·怀特之见，如果不摈弃基督教关于自然除了服务于人便没有存在的理由的公理，则生态危机只会日益加剧。即为走出生态危机，基督宗教必须生态化。

事实上，自20世纪六七十年代生态危机日益凸显以来，基督教的许多教派都在修改其神学教条，以便使之生态化。有些神学家的思想表达还产生了很

---

① 老子《道德经》第八十章。

大的影响。美国神学家托马斯·伯利（Thomas Berry）便是其中之一。传统基督教的一个基本信条就是，在上帝的造物中，只有人是有灵魂的，自然中的一切（非人事物）都是没有灵魂的，正因为如此，自然中的一切都只是供人使用的资源。伯利主张改变这种观念，基督徒必须认识到，"我们内在世界的遗传密码是由创造我们周围世界的同样力量所型塑的。我们的内在世界与外在世界是一体的。我们的灵性生命（soul life）仅当与外在经验相连时才能发展。我们的内在世界与外在世界是如此的一体化，以至一旦外在世界被破坏，我们灵魂的内在生命就会相应地枯萎。"

伯利指责过去基督教世界观和现代世界观，把宇宙看作客体的集合，而不是主体的联合体。连最崇高的实在都成了经济剥削的对象。地球成了买卖的商品，而不是支撑人类身体和精神繁荣的家园。正是这种观念的流行才导致了生态危机。传统基督教只讲人的拯救。而现在的问题是，"如果不能拯救我们居于其中的世界，就无法拯救我们自己。并非存在两个世界，一个是人的世界，一个是其他类型存在者的世界。只有一个世界。我们和这个世界共存亡。既可以在物理意义上这么说，也可以在精神意义上这么说。"在伯利看来，人类与生长着的宇宙的一体性足以证明宇宙从一开始就有其精神之维。对任何将宇宙向下归结为其构成部分的还原都必须为向上归结为宇宙整体的还原所补充，这样才能明白那些粒子所产生的是完整的生命世界，包括人类。伯利的这一思想既包含着对传统基督教的省思，也包含着对现代物理主义世界观的批判。

伯利说："为使生养我们的神圣世界免于毁灭，我们亟须根本改变整个西方宗教—精神传统与地球生态系统一体化功能的关系。我们需要从与自然界疏离的精神转向与自然界亲密的精神，要从字面启示的神的精神转向我们周围可见世界揭示的神的精神，要从仅关心人间正义的精神转向关心大地球共同体中所有其他成员之正义的精神。基督教的命运在很大程度上将决定于它兑现这三个承诺的能力。"

伯利认为，随着工业世界所赖以存在的资源的耗竭，工业世界已濒临瓦解。随着石油资源的枯竭，整个工业世界将会感受震惊。在这一过程中，确立人与地球新关系的紧迫性将会自然展现。基督教业已开始对这种境况做出反应，意在开始一种全新的与地球共生的生活方式。

伯利绝不是西方仅有的倡导基督教生态化的神学家，在非常有影响的神学家中还有莫尔特曼等。

（四）生态艺术

艺术与文明分不开。原始人也有其艺术。艺术代表着人类的审美追求，是人类追求意义的基本方式之一。艺术总是随着生活潮流的演变而律动，它也及时折射着时代精神和人们的生活感受。

今天有学者写道："当我们走进21世纪的时候，发现人类的生态危机成为世界最突出的问题之一。当前的文艺与诗学不得不在生态危机的冲击下发生变化。……关注生态，繁荣生态文艺，创建生态诗学，开展生态批评，是一种必然的发展趋势。"①

狭义的生态文艺，指直接描写生态灾难与自然保护的作品，亦被称为环境文学、环保文学或公害文学。西方有代表性的作品包括美国生态学家蕾切尔·卡逊的《寂静的春天》，法国作家罗伯·梅尔的生态小说《有理性的动物》，加拿大作家莫厄特的生态纪实文学《鹿之民》《与狼共度》《被捕杀的困鲸》等。我国有代表性的作品有作家徐刚的《守望家园》，韩红的《红树林生在这里》，哲夫的《猎天》《猎地》《猎人》等。广义的生态文艺则指描写人与自然和谐相处且表现了生态主义情怀的作品。

我国古代不乏生态文艺作品，如《庄子》《楚辞》，魏晋六朝的山水诗和山水画，王维、孟浩然的田园诗等。我国20世纪50年代至70年代曾出现许多盲目歌颂工业化的文学艺术作品，在这样的作品中，"烟囱林立""厂房鳞次栉比"，甚至原子弹爆炸形成的"蘑菇云"，都被当作具有诗情画意的美景。进入21世纪之后，人们发现工业化、城市化带来的并非完美的天堂，它也带来的环境污染和生态破坏。于是，逐渐产生了生态文艺。

生态艺术是生态文明不可分割的一部分。随着生态主义的深入人心和生态文明建设的推进，我们相信，生态艺术会日益繁荣。

文化产业通常指批量生产或营销文化产品的产业，是在工业文明晚期兴起的一种产业。有西方学者把文化产业界定为"与社会意义的生产（the Production of Social meaning）最直接相关的机构（主要指营利性公司，但是也包括国家组织和非营利性组织）"。"几乎所有关于文化产业的定义都应该包括电视（包括有线电视和卫星电视）、无线电广播、电影、书报刊出版、音乐的录音与出版产业、广告以及表演艺术。"从广义上讲，所有的文化制品皆是文本，因为它们可任人解读。"文本"（歌曲、叙述、表演）产生于人们心灵上的沟通的意愿，因而充满了丰富的表征意涵"。核心文化产业包括广告与营销、广播、电视、电影、网络、音乐、印刷与出版（包括电子出版）、视频与电子游戏等产业。这些产业都从事"文本的产业化生产与流通"。可见，文化产业就是生产和营销文本的产业。

---

① 张皓. 中国文艺生态思想研究 [M]. 武汉：武汉出版社，2002，第2页.

在西方世界，文化产业的兴起代表着资本主义演变的一个新阶段。"第二次世界大战"以后，20世纪50年代到70年代是"资本主义的黄金时期"。在这一时期，"经济稳定增长，人民生活水平提高，自由民主政府体系也相对稳定。"但从1970年到1990年，"七大工业国所有产业，尤其是制造业的利润急剧下滑……经济进入了一个重大的倒退时期。"文化产业就是在西方资本主义陷入新一轮经济危机的过程中兴起的。这一过程大致与西方服务业的快速发展同步，在1970—1990年期间，与文化相关的生产服务在几乎所有的发达工业国家增长率都是最高的。文化产业的增长是发达工业国家投资转向服务行业这一趋势的一个重要方面。

文化产业兴起的原因是复杂的。物质丰富以后，人们的消费偏好会向文化消费方面倾斜，这或许是文化产业兴起的一个原因。文化产业日益成为经济生活的核心，并不完全是由危机后的重构引起的。贯穿于20世纪，文化不断成为现代社会生活的中心，是因为人们休闲时间增加了，消费文化遍布所有发达产业经济之中。科学技术的发展当然也是文化产业兴起的原因之一，信息技术的发展对文化产业兴起与发展的影响尤其大。西方文化产业恰恰兴起于20世纪70年代之后还与这一时期里根执政美国、撒切尔执政英国的政策变化密切相关。这一时期，以美英为典型的西方世界的政策变化深受反凯恩斯主义的新古典经济学影响，其基本特征是"市场化"，那时的"新政策隐含一个假设，即在文化生产和消费中，以牟利为目的的文化商品及服务的生产与交换，是获得效益与公平的最好方式。"于是，在那个时期，商业集团便于进入文化领域。

到了20世纪90年代，西方的文化产业发展很快。以美国为例，1998年，美国文化产业经营总额已高达2 000亿美元，其第一大出口行业既不是航空航天，也不是农业，而是影视和音像出版业，当年出口总收入达600亿美元。

在资本主义世界，文化产业无疑在很大程度上受制于"资本的逻辑"，即在很大程度上从属于对利润的追求。詹明信（Fredric Jameson）说得更为极端，他说："……当前西方社会的实况是：美感的生产已经完全被吸纳在商品生产的总体过程中。也就是说，商品社会的规律驱使我们不断出产日新月异的货品（从服装到喷射机产品，一概永无止境地翻新），务求以更快的速度把生产成本赚回，并且把利润不断地翻新下去。"美感的生产当然主要指文化的生产。在经济全球化的大背景下，当代文化产业的发展也呈现全球化趋势，全球化的文化产业也在很大程度上受制于全球流动的资本。如英国学者拉什（ScottLash）和卢瑞（Eelia Lury）所说的，"虽然全球文化工业为生产者和使用者的社会想象开辟了美好的创造的世界，但是我们必须同时面对资本积累的问题。我们面对的不仅是创造，同时还有全球资本和殖民资本的权力。我们面对的资本积累已经开始从抽象、同质的真实劳动的积累转变为以创造为基础的虚拟对象生成潜势的积累，我们面对的是正在兴起的虚拟资本主义的权力。如果说国家制造工业是真实资本主义，那么全球文化工业就是虚拟资本主义。"即信息产业和文化产业的迅速发展和全球化代表资本主义发展的一个新阶段。

我们曾说，经济活动的物质减量化对于保护环境和建设生态文明是至关重要。我们也曾说，如果我们坚持追求经济的可持续增长，就必须在物质经济增长达到极限时不断追求非物质经济的增长。文化产业就是非物质经济的核心部分。为了使文化产业成为生态文明的一部分，就必须实现文化产业生产过程的生态化。文化产业固然是生产社会意义的，你可以说它是精神生产。但正如人的精神不可能脱离肉体，精神生产也不能没有物质条件，携带社会意义的文本也不能脱离物质材料，如纸张、磁带、光盘、芯片等。当然，许多文化消费不同于汽车消费，例如，买一本《红楼梦》可以读好多年，而且在读书时不会造成任何污染。但如果你读的是纸版书，则依赖于造纸业，而造纸业是会产生污染的；如果你读的是电子版书，则依赖于电脑制造业，而电脑制造业也是会产生污染的。所以，文化产业并非天然物质减量或节能减排的产业。为了使文化产业能比传统制造业更大幅度地节能减排和物质减量，必须使其每一个生产环节和消费环节都遵循生态规律。

文化产业既然是商业的一部分，就不能摆脱市场规律的支配，就不能摆脱"资本的逻辑"的制约。那么这是否意味着文化产业不可能物质减量化和生态化呢？当然不是！既然物质经济可以生态化，则文化产业更可以生态化。如何使文化产业生态化？老办法：让市场规律和"资本的逻辑"服从生态规律。这不是废除市场规律和"资本的逻辑"，而只是要求文化产业的经营者在生产过程中优先服从生态规律，而不是优先服从市场规律和"资本的逻辑"。

有人认为，当人们的物质欲望得到充分满足时，非物质消费（以文化消费为主）会自然增加。其实不然。如果没有大自然的警告，没有多数人价值观的改变和制度的变革，人们的消费可以向物质奢华方向无止境地扩张。例如，三口之家有了一辆汽车，还想要两辆、三辆，有了"丰田"车以后还想换"奔驰""劳斯莱斯"；汽车玩腻了还想玩游艇、飞机；一家有了140平方米的住房以后，还希望换成300平方米的别墅，有了北京的别墅以后，还希望有夏威夷的别墅，事实上，许多富豪就是这样消费、生活的。一个社会若以他们的生活方式为榜样，则既不能指望物质经济能够生态化，也不能指望发展健康清新的文化产业。

为建设生态文明，发展生态文化，需要文化产品（文本）的内容具有生态主义的价值导向，例如，电影《阿凡达》《2012》等。文化直接塑造人们的价值观、人生观或善观念。生态化的文化产业既不能只顾赚钱，也不能满足于赢利和生产过程生态化的兼顾，而必须坚持健康、清新、正当的价值导向。文化产业创造、传播社会意义，从而阐发、诠释、传播各种价值观、人生观或善观念，阐发、诠释、传播各种艺术观念，展示各种审美情趣。它塑造人的精神和灵魂。批判物质主义和科技万能论，传播生态学知识和生态主义是生态化的文化产业的固有使命。

文化产业如果缺了生态主义的价值导向，并坚持物质主义和科技万能论的价值导向，则它非但无助于生态文明建设，反而会成为生态文明建设的障碍。例如，眼下仍有大量影视作品，竭力美化富豪们的奢华物质生活，意在激励人们拼命赚钱，及时享受。这样的作品越多，其艺术感染力越强，则越不利于生态文明建设。因为它们美化物质主义，激励"大量生产—大量消费—大量废弃"的生产生活方式。

中国的文化产业伴随着改革开放而诞生，发展壮大于建立社会主义市场经济体制和推进第三产业发展的 20 世纪 90 年代。我们的文化产业起步晚，与西方发达国家比在产值方面差距很大。但中国作为一个社会主义国家在发展文化产业时，决不应该像资本主义国家那样，过分受制于"资本的逻辑"，而应该在坚持健康、正确的价值导向的同时，坚持朝生态文化的方向发展。只有这样，文化产业的发展才有利于中国生态文明建设。

二、生态文化与生态文明建设的关系

（一）生态文化为生态文明建设提供理念指导

生态文明建设首先要有正确的价值观念作为引导，生态文化引领人们认识自然规律，形成生态世界观、生态价值观和生态伦理观。

生态文化为生态文明提供生态世界观。传统世界观在人与自然的关系上主张"人是万物的主宰"、人要"征服自然"，这使得人与自然的关系越来越对立，人与自然的矛盾越来越凸显，这既影响到人的发展，也严重破坏了自然环境。生态文化提倡的世界观则强调，人是自然界的一部分，人与自然是合一的，人与自然要和谐共生。生态世界观要求人们建立以和谐发展、可持续发展和系统发展为基础的生态方法论。

生态文化为生态文明提供生态价值观。生态价值观是引导人类生态行为的最核心、最根本的手段，生态价值观是互惠互利、共生共荣、协调平衡的价值观，强调人类对自然的尊重，其基本原则是在满足人类基本需要和合理消费的

前提下，还要满足自然环境生态发展的客观需要。

生态文化为生态文明提供生态伦理观。传统伦理观主要关注的是人与人的伦理关系以及人与社会的道德关系，并不涉及人与自然的关系。生态伦理观将伦理道德的对象由人与人之间的关系扩大到人与自然之间的关系。生态伦理观可以激发人们保护生态环境的社会责任感，是引导人们生态行为的动力源泉。

（二）生态文化为生态文明建设提供内在推动力

人类文明由工业文明向生态文明转变的关键问题是如何实现社会生产方式和生活方式的生态化转变。生态化的生产方式和生活方式是生态文化形成和发展的基础，同时也是生态文明建设的根本。① 社会生产方式和生活方式的转变有赖于生态文化的发展。生态文化通过生态价值观的培育和引导、生态制度的规范、生态行为的引导以及生态物质载体的服务为生态文明建设提供了内在推动力。

生态文化具有大众性，植根于人们日常的生产生活实践中，可对人们的思想观念和行为方式产生潜移默化的影响，具有巨大的现实感召力、影响力。通过大力宣传生态文化价值观念，实施生态文化教育，可以在全社会形成普遍的生态文化氛围，从而促进整个社会生产生活方式的转变，有效地推进生态文明建设。

三、打造特色生态文化

生态文化是生态文明的灵魂和精髓，为生态文明建设提供了生态世界观、生态价值观和生态伦理观，是推动生态文明建设的内在驱动力。在生态文明建设过程中，要始终将生态文化建设作为生态文明建设的核心内容，积极打造特色生态文化。

（一）加强科学文化教育，提高公民的生态文明素质

马克思指出：一个人"要多方面享受，他就必须有享受的能力，因此他必须是具有高度文明的人"②。随着生产力水平的提高及物质产品的丰富，人们的生活逐渐从生存向发展转变，建设社会主义生态文明的目的是使人能够在发展中获得生态方面的高层次享受，但是这种高层次享受与具有"享受的能力"是相适应的，为此，我们必须从根本上提升公民素质，在此特指公民的

① 宣裕方，王旭烽. 生态文化概论［M］. 南昌：江西人民出版社，2012，第19页.
② 马克思恩格斯文集（第8卷）［C］. 北京：人民出版社，2009，第90页.

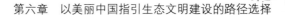

生态素质，使其成为具有高度文明的人。一些国家已经把生态教育纳入了国家教育体系之中，成为各级学校教育教学的内容之一。当前我国生态教育的重点主要在两个方面，一是通过国民教育体系，在各级各类校园中实施环境教育，普及环保知识；二是要加强农民生态环境基础知识教育。由于农民文化素质相对较低，对环保知识了解偏少，所以要特别重视农民的环保教育。除去上面涉及的两个方面外，全社会的生态环境知识教育也必不可少，无论是城市还是农村，都可开展生态文明方面的讲座及展览，用正反两方面的例子来警示世人，提高教育教学的效果。鉴于生态环境建设的长期性、艰巨性，我们必须做好打持久战、打硬仗的准备。生态素质教育具有全民参与、综合性、实践性特征：全民参与是指生态素质教育需要教育部门、公众、社会各行业的齐心协力才能长期坚持并取得进步；综合性是指生态素质教育融合了众多自然科学和人文社会科学知识，不能够相互分离，各自为政，必须相互协调，互相补益；实践性是指通过生态素质教育让人们学会从理论走向实践，把所学知识理论都应用于个人的生产生活中。可以预计，随着生态教育的不断推进，全民生态素质的提高，我国生态文明建设将取得长足进展，人民也会享受到更多的生态文明成果。

1. 深化生态意识教育，提高公民的生态文化素质

（1）通过生态意识教育，提高公民在生态文明建设中的权利意识

现代社会是公民权利至上的社会。近年来，受改革开放和社会发展的影响，在我国，公民权利、公民精神逐渐走到了历史发展的前台，这些都为生态文明建设提供了有利条件。但由于传统观念和生活习惯的根深蒂固，反映到社会主义生态文明建设中就表现为：公民的参与意识虽然觉醒但依旧薄弱，或者即便是参与社会治理和环境建设，也很难拥有实际权利。生态文明建设离不开人民群众的广泛参与，也离不开人民群众思想认识和行为方式的根本转变。这些都需要通过推进生态意识教育，鼓励公民积极参与其中，让主人翁意识在参与生态文明建设的公权力中觉醒。为此，我们需要利用丰富多彩的教育形式开展生态教育，使广大人民充分认识到生态危机带给个人和社会的危害；要加强环境科学与相关的法律知识教育，营造保护环境人人有责的社会氛围；要在国民教育序列中加大生态教育力度，帮助公民特别是未来一代树立起正确的生态价值观，通过生态文明建设实践实现自身权利和义务的统一，形成理性的权利意识。

（2）通过生态意识教育，提高公民在生态文明建设中的监督意识

民主监督是我国社会主义政治制度的重要内容之一，也是体现政治文明与否的标准。公民的监督意识是权利制约权力机制的思想保障，国家权力受到人

民的监督是人民主权原则的核心所在。改革开放以来，虽然中国经济增长势头迅猛，但同时生态问题也日趋严重，无论是工业还是农业，无论是东部还是西部，也无论是城市还是乡村，都难以逃脱生态危机的困扰和威胁。从产业结构来看，不仅工业生产产生了大量的"三废"污染，农业生产也面临着化工产品、农药残留、生活垃圾的污染；从区域划分来看，不仅东部发达地区在发展经济时带来了大量生态问题，随着西部地区大开发进程的加快与大量夕阳产业的转移，西部地区的生态、资源、环境之间，经济、社会、人口之间的矛盾也在不断加剧，生态环境恶化的速度惊人。北京工商大学世界经济研究中心于2008年7月28日发布的《中国300个省市绿色GDP指数报告》表明，在273个测试城市中来自中西部地区的城市占据了最后10个席位，环境污染已成为全国性的大问题。因此，必须对生态污染和环境治理进行有效监督，树立污染环境就是破坏生产力，保护环境就是保护生产力的意识，通过节能减排来促进社会主义生态文明建设。我们要通过生态教育，以培养和提高公众的生态法律意识为切入点，强化他们的监督意识，教育他们学会用法律武器来维护自身的环境正义，使他们承担起社会主义生态文明建设者和监督者的双重责任。

（3）通过生态意识教育，提高公民在生态文明建设中的责任意识

权利与义务是相互联系、不可分割的整体，权利与义务的有机结合是公民社会发展的必然要求。公民在享受自身的权利时也要对社会尽相应的义务，这是公民一词本身的应有之义。公民有权利从自然界中获得维持生存发展的物质产品和精神产品，也应该担负起保护生态环境的社会责任。社会主义生态文明一方面体现了自然界对每位公民的权利、需求、价值的尊重和满足，另一方面也给每个公民提出了相应的要求，即生态文明建设既体现着公民的价值与权利，又明确了公民的生态责任。由于受消费主义和"人类中心主义"的影响，大量生产、大量消费、大量废弃的现象成为常态，以至于为了满足消费涸泽而渔、焚林而猎、毁灭物种种群、无节制地发展各种交通工具等，严重破坏了自然界的生态平衡。培养和造就有素质、有能力、有德行的公民成为以人为本建设的目标之一。公民个人要逐步去除传统思想文化的影响，牢固树立保护生态环境的坚定信念和使命感，强化公民在生态文明建设中的责任意识，找准发展生态文明的正确途径，在生产生活实践中建设真正的生态文明。

2. 深化生态意识教育，提高公民的生态道德素质

（1）关于生态道德的教养问题

公民生态道德素质的形成离不开生态道德教养的实施，我们应该在全社会大力宣传生态文明相关意识，尊重、热爱并善待自然，追求人与自然之间的和谐相处，使社会道德准则和行为规范体系更能体现出"天人合一"的生态道

德特色。在生产生活中，我们要继续倡导节约光荣的优良传统，努力构建资源节约型、环境友好型社会；要加强生态道德教育，把生态教育融入全民教育、全程教育、终身教育的过程之中，并上升到提高全民素质的战略高度上来。1992 年，美国学者大卫·奥尔提出了"生态教养"（ecological literacy）一词，奥尔指出当今时代人类面临的严重的生态危机与人类对待自然的行为是直接相关的，由于缺乏对人与自然关系的整体性认识，包括自然与人文方面的知识，所以，奥尔认为我们有必要重新进行生态知识和理念教育，培养公民的基本生态教养，以便引导人类顺利过渡到人与自然和谐共存的后现代社会。美国著名学者卡普拉在《生命之网》中重申了奥尔"生态教养"这一概念，强调了公民具有基本生态教养对于重建人与自然关系生命之网的重要价值和现实意义。卡普拉认为，地球上的所有生命形式，无论是动物、植物、微生物之间，还是个体、物种、群落之间，其生命都存在于错综复杂的关系网所构成的生态系统之中，地球上的各种生命都是这种关系网所构成的生态系统长期发展进化的结果。人类作为自然界进化发展的一部分，也必然依赖于这个庞大生命网络的支撑。但是，由于人类的社会性特征的无限膨胀，在发展经济与保护环境之间往往选择前者，漠视非人类生命生存的价值和利益，为了满足个人或小集团的利益而劫掠自然资源，破坏生态环境，致使全球生态系统网络严重破损，甚至走向瓦解，人类后代的生存机会也日益减少。因此，深化生态教育，加强生态知识教养，对于确立人与自然相互依存的有机整体的生态世界观，对于人与自然关系的和谐，对于人类社会的可持续发展都具有重大意义。

（2）深化生态意识教育，提高公民的生态伦理教养

随着西方工业文明的发展，人与自然之间出现了严重的异化现象，人类社会与自然环境之间的分离和对抗不断加深，特别是受人类中心主义的影响，人类只承认自身的内在价值，只把人纳入伦理关怀的对象之中，而人之外的万事万物则在伦理关怀的范围之外，是从属于和服务于人类、可以随意征服和支配的客体。与此相反，生态文明理论认为，无论是作为主体而存在的人，还是作为客体而存在的人之外的世界，它们都具有各自的内在价值和存在权利，是相对于对方而言的主体的生命存在形式。在自然界整体系统中，人与人所赖以生存的环境是一个相互依存的生命共同体，他们的生存和可持续发展都依赖于地球生物圈的正常、安全、健康和持久的运行，地球生物圈不仅对于人类具有环境价值，而且对于所有生命物种也具有环境价值。特别重要的是，地球生物圈的生态环境主要是由非人类生命无意识的生存活动共同建造的，要维持所有生命长期健康存在的生态环境，就必须在维持地球上适度的人类种群规模和起码的生物多样性二者之间进行生存环境的公正分配，才不会导致人类因过度开发

和利用自然资源产生威胁生物圈的生态安全问题。在这种情况下，人类必须丰富传统人际伦理关怀的对象和内容，把自然界纳入其中，确立起人与自然之间荣辱与共的新生态伦理理念，使每一个公民都具备基本的生态伦理教养。也只有如此，我们才能道德地对待当前和今后人类赖以生存的自然环境，道德地对待人和非人类生命生存的自然环境，最终实现人与自然关系的和谐。

（3）深化生态意识教育，提高公民的生态审美教养

自然界本身是无所谓善恶美丑的，人们之所以会对某些风景秀丽、气候宜人的地方赋予高度的评价，是因为这些地方对于人类的积极价值。欣赏和维护自然界本身的原始状态美是当代人特别需要培养的审美素质，这是一种可以让我们远离金钱和污染，诗意地栖居于大地上的高层次的人生追求。积极美学认为，在它是自然的意义上（也就是未受人类的影响），自然是美的，它没有消极的审美特质。约翰·康斯特布尔曾经在 19 世纪就多次阐明自己的观点，认为人的生命中是没有丑的事物的。根据这一观点，那些在自然中发现了丑的人只是因为没有能够恰当地感知自然，或者没有找到从美学意义上评价、欣赏自然的恰当标准。① 工业文明带来了富足的物质生活，但是它对每一条江河、每一寸土壤、每一种生物的破坏作用是显而易见的，这与现代人为了追求短期而浅薄的物质生活、牺牲久远而高尚的环境生活有关，这种价值追求也导致后代人极度缺乏生态审美和欣赏能力。正如帕斯摩尔讲的，对自然美的欣赏只能是无法区分的快乐。自然美不是艺术创造的产物，除了我们当时的偏好，不存在对自然美的其他的审美标准。由于人们在物欲横流的世界中逐渐迷失着自身，除了金钱和物欲，已经失去了关爱自然界的生态良心。如果人们能够重新找回感受生态美的固有能力，充分发挥生态美感体验的神经机能，就会在郊游时沉醉于百草鲜花的四季芬芳，在进入荒野时流连湖光山色的壮美俊秀，就懂得观赏羚羊麋鹿的戏耍游玩、竞走赛跑，谛听无数鸣禽在丛林天堂里的即兴吟诗、纵情欢唱，也会倾慕羽毛如雪的天鹅长颈相交、两心相许的终身守候。一个具有了高度生态审美教养的社会在经济指标和生态保护的斗争中会选择后者，它不会为了满足体肤之暖、口舌之欲而屠杀珍禽异兽，也不会为了一时的利益需求而毁灭掉长久美好、自然脱俗的生存享受。生态审美不仅是人们美好生活所必需的文化素养，也是衡量人们生活健康与否的重要尺度。

---

① ［美］尤金·哈格罗夫著；杨通进译. 环境伦理学基础［M］. 重庆：重庆出版社，2007，第218 页.

（二）转变传统生活方式，增强公民的生态文明意识

传统的生活方式对自然环境的影响较大，特别是在科技水平比较发达的今天。随着商品的丰富和交通的便利，人们施加给环境的威胁和压力也越来越大。由传统生活方式转变为新兴生活方式是社会主义生态文明建设的内在要求，是促进我国经济结构战略性调整的必然。从一定意义来看，生态问题其实也是人们的生活方式出现了问题，因为人们的消费行为对生态环境的影响无时不在、无处不在。高消费的存在、人们对消费主义的膜拜从客观上刺激着大量生产的生产方式、大量消费的生活方式的发展，是产生生态问题的重要思想根源。要搞好生态文明建设，就必须转变人们传统的生活方式，建立与生态文明相适应的可持续的消费模式。生活方式的转变对于节约资源、引导消费、改善国民身体素质、实现社会稳定等起着积极作用，也是实现人的全面发展与中华民族伟大复兴的可靠途径。需要指出的是，由于生活方式的形成不是一朝一夕的事情，它是日积月累的结果，所以新生活方式的形成必须要采取综合措施，借助全社会的力量，在广泛社会认同的基础上，使之成为人们自由自觉的选择。

转变消费方式，实现生态消费。社会主义生态文明建设的健康发展，经济结构的战略性调整，都需要生态消费的支持。消费要合理、理性，不要奢侈和浪费。高盛公司 2010 年 12 月发布的数据显示，仅 2010 年一年时间中国奢侈品消费就高达 65 亿美元，增长率稳居世界第一。未来几年，中国奢侈品消费总额有望超过日本，成为世界第一大国。我国奢侈品消费的高速膨胀与我国经济社会的发展水平不相适应，与我国传统生活理念不相适应，也与我国的生态文明建设不相适应。我国实现全面建设小康社会的任务任重道远，要大力倡导科学、理性的消费理念，反对奢侈和浪费，实现消费水平提高与降低物耗、减少污染的有机统一。不合理的消费方式既超越自身的经济发展水平，又浪费了社会财富；既破坏了自然资源环境，又阻碍了经济的可持续发展，对居民消费水平的渐进式提高极为不利。人类在不对自然环境伤筋动骨的前提下享受生活是无可厚非的。但是作为最大的发展中国家，在资源能源有限以及面临生态危机的情况下，如何转变人们的生活方式，反思、矫正已有的不良消费行为和习惯，就变得格外重要。实现生态消费就要做到满足合理需要与杜绝浪费的统一，提高生活水平与保护生态环境的统一，消费行为与社会主义道德原则的统一。没有生活方式的根本转变，生态文明建设不可能完美。生态文明建设需要更新消费观念，优化消费结构，鼓励消费绿色产品，逐步形成健康、文明、节约的消费方式。

1. 反对消费主义

消费行为、消费习惯在人们的生活方式中占据了重要位置。生态文明建设需要建立起生态性的消费行为和消费习惯，并逐渐消除消费主义的影响。消费主义从一开始就在全世界范围内产生了极大影响，它具有诱惑性、象征性、浪费性、全球性的特征，对人类道德、社会风气、自然环境，乃至世界的方方面面都起到了不良影响，因此必须超越消费主义，树立生态化的消费理念。当然，我们在消费过程中，一方面要刺激消费，另一方面又要合理引导消费，尽量避免不合理、不科学消费现象的产生。

2. 加强对生态消费的引导和规制

要加强对生态消费行为的引导和规制，需要政府加大相关政策法规的制定，为可持续消费提供制度上的保障。国家可以利用相关的政策和法规来调节人们的消费行为，限制不可持续性消费，提倡可持续性消费，为生态消费的普及开辟道路。在推进可持续性消费模式的建立、规范人们的行为方面，政府有不可推卸的责任和义务。政府在优化消费结构方面要加大力度，使人们的消费结构既能体现出需求的层次性，又能够确保人的体力、智力等方面的全面发展。从我国的具体情况出发，特别要注意区域之间、城乡之间、社会阶层、贫富分化等方面，尽可能减少社会消费分层严重的现象。分配公平与否制约着消费公平，要解决消费分层问题，不断健全社会保障制度，深化分配制度改革，利用各种手段来进行调节，尽可能地提高低收入者的收入与消费水平。我国广大农村和中西部地区普遍落后，人们的收入较低，为此，各级政府不但要努力增加农民的收入，改善农民的生活，而且要积极完善城乡养老、医疗、保险等社会保障制度，确保社会消费的公平正义，维护社会的稳定与和谐。

3. 摒弃畸形的社会价值观

实现消费的生态化，就要摒弃畸形的社会价值观。在现代社会中，"重利轻义"现象似乎成为一种常态。当人们重"利"轻"义"的时候，人与人之间的关系就容易被物质、金钱等低层次的东西所占领，从而出现人际关系紧张、社会道德滑坡、社会不稳定等情况。现代社会，人们的价值观已被严重扭曲："只讲财富的占有而不讲财富的意义；只讲高消费超前消费，而不问所消费的是不是自己真正需要的；经济的增长被当作了最终的目的，而对在这种经济增长中带来的人的异化现象视而不见；为了利润挖空心思地制造消费热点，盲目攀比，片面顾全面子的现象比比皆是，这种扭曲的价值观必将人类引入歧途。其实，经济的增长只是为达到人的全面发展的手段，财富的多寡并不能证明一切，消费的应是自己真正需要的，人应当成为自己的主人，而不应当变成物欲的奴隶。"① 人们应该学会在更广阔的范围内来评判自身的价值，应该在人、自然、社会之间协调发展的基础上谋求人类的发展，民族之间的冲突、恐怖主义的存在都与人类的可持续发展背道而驰。人类不但要开发自然，更要保护自然；不仅从自然中索取，还要学会回报自然。人、自然、社会之间的共生共荣、持续发展才是我们所追求的目标。人们的生存离不开物质产品，但是物质产品只是人们追求幸福生活的条件和必要手段，而不是全部，人的有意义的生活离不开丰富的精神内涵。

如果人们为了满足自身的物质需要，不顾客观条件的限制，盲目追求奢侈的生活和消费，就已经降低了生存的境界。在物质生活之外，人们更要追求精神生活，无论是对真理的探求、艺术的创造、道德的升华，还是开发沉睡在人体内的潜能，高尚的精神生活都可以使人更加热爱生活、热爱自然，关心社会、关心他人，可以使人更容易感觉到幸福和满足。

第四节　以完善制度保障生态文明建设

2013 年 5 月 24 日，习近平总书记《在十八届中央政治局第六次集体学习时的讲话》中强调：建设生态文明，关系人民福祉，关乎民族未来。党的十八大把生态文明建设纳入中国特色社会主义事业五位一体总体布局，明确提出大力推进生态文明建设，努力建设美丽中国，实现中华民族永续发展。这标志着我们对中国特色社会主义规律认识的进一步深化，表明了我们加强生态文明建设的坚定意志和坚强决心。加强生态文明和美丽中国的建设，除了本章上文中提到的科技创新、产业转型、生态文化等路径外，还要重视完善制度保障。

一、社会主义制度是根本制度保障

资本主义的工业化大生产虽然给人们带来了极其丰富的物质产品，但它却存在着既毁坏自然，又扩大贫富差距这两个巨大的副作用。资本主义的工业化生产持续不断地重复着这两个副作用，并且不具备本质上的自我纠正能力。与这些资本主义国家相比，中国有两个优势：一是中国加入自由市场游戏的时间比较短，尽可吸取他们的经验教训；二是中国政府尚未被强大的私营企业所垄断。这就意味着，中国可能有机会另辟蹊径，从而在享有市场经济的要义精髓

---

① 张焕明. 困境与出路：消费主义的生态审视 [J]. 福建论坛，2006（7）.

的同时，避免资本主义的弊病。当今社会的生态危机体现着人与自然关系的危机，也体现着人与人关系的危机。无论哪种形式的危机，其实都是维持社会正常运转的制度发生了危机。而解决问题的出路，在于人们对已有的消费方式和社会制度的改善，对社会生产、分配和消费关系的转变，以及新发展理念的树立上。

（一）坚持社会主义基本制度是生态文明建设的首要前提

1. 坚持以公有制为主体、多种所有制共同发展的经济制度

我国的基本经济制度是以社会主义公有制为主体、多种所有制经济共同发展的经济制度。党的十五大报告指出：根据我国国情，中国现在处于并将长时期处于社会主义初级阶段。从新中国成立开始，特别是改革开放近40年的发展，我国生产力水平大幅度提升，经济社会发展以及群众的物质文化生活水平都取得了长足进展。但是由于长期忽略了对生态环境的保护和治理，生态危机也随之而来，经济社会发展受资源环境约束性加剧。总的说来，我国的人口多、底子薄，区域发展不平衡，生产力水平的多层次性和总体上不发达的状况没有根本改变。社会主义的根本任务是发展社会生产力。由于生产力诸要素都受到生态危机的影响，特别是生产资料和劳动者更是如此，所以在新世纪、新阶段，面对新形势、新任务，尤其要把集中力量发展生态生产力摆在首要地位。建设中国特色的社会主义经济，就是在社会主义条件下发展市场经济，不断解放和发展生产力，这就要求坚持和完善社会主义公有制为主体、多种所有制经济共同发展的基本经济制度。

我国是社会主义国家，坚持以公有制为主体的所有制，包括土地、森林、水源、滩涂、草原等在内的资源为全体社会成员共同所有，人们共同占有生产资料，共同劳动，共同占有劳动成果。生产资料公有制是社会主义经济制度的基础，它引导并推动着经济社会向前发展，确保最广大人民群众根本利益的实现。坚持以公有制为主体的经济制度，对于控制国民经济的命脉，确保国家的经济安全、生态安全，发挥社会主义制度的优越性具有重要作用。坚持以按劳分配为主体的分配制度，是与社会主义初级阶段的生产力发展水平，即与我国现阶段的国情相适应的。生产资料公有制是社会主义实行按劳分配的前提条件。在公有制内部，人们不能凭借对公有生产资料的所有权而无偿占有他人的劳动成果，从而使个人消费品的分配更加有利于保护劳动者的合法权益，维护生态环境的健康发展。生态文明的内涵丰富，既与可持续的经济发展模式相联系，也与公正合理的社会制度相联系。因此，生态文明建设既包含社会政治制度建设、社会经济制度建设，也包含自然生态建设，是人、社会、自然相互协

调的有机整体。

当前我国正处于由工业文明向生态文明的过渡时期。如果说工业生产是工业文明的主要特征，那么，生态生产就是生态文明的主要特征。以公有制和按劳分配为主体的经济制度为生态生产的发展提供了可能和保障，它避免了私有制所带来的短期行为和唯利是图，体现了社会主义的优越性，使生态文明成为社会主义应有之义。

非公有制经济是我国经济发展的重要力量，是社会主义经济的重要组成部分。在生态文明建设过程中要充分发挥非公有制经济的积极作用，党的十八大明确提出，加强生态文明建设、建设美丽中国。同时毫不动摇地鼓励、支持、引导非公有制经济发展，保证各种所有制经济依法平等使用生产要素、公平参与市场竞争、同等受到法律保护。党的十八大三中全会提出，要紧紧围绕建设美丽中国深化生态文明体制改革，加快建立生态文明制度。森林有"地球之肺"的美誉，加强林业建设是经济社会发展的需要，也是实现美丽中国的需要。民营企业在绿化国土、发展林业方面可以有所作为。要认真贯彻落实党的十八大关于发展非公有制经济和推进生态文明建设的安排部署，鼓励非公经济大力参与林业发展，全面提升生态林业和民生林业的发展水平。森林的生态价值和经济价值都非常重要，大力发展林业不仅关系民生福祉，也关系国家的未来。当前，全球经济持续低迷，国内市场竞争激烈，生态危机的威胁日益加剧，发展林业产业对民营经济有着巨大的吸引力，特别是在木本粮油、林业经济、森林旅游等方面，民营企业有着巨大潜力。

2. 坚持人民当家做主的社会主义政治制度

（1）人民当家做主是生态文明建设的生命

实现人民当家做主是中国特色社会主义民主政治发展的根本目的。社会主义民主的本质就是人民当家做主。人民当家做主，既是对中国政治发展目标的揭示，也是生态文明建设的生命，人民群众在生态文明建设中起着重要的作用。

第一，人民群众是生态文明建设的根本力量。马克思主义认为，人民群众是历史的创造者，是历史的主人，是历史不断进步的根本动力。人类社会的全部财富，包括物质、精神、生态等方面，归根结底都是人民群众创造的。人类社会要建设生态文明，实现自由全面发展的共产主义社会，最终要通过无产阶级领导广大人民群众来完成。

第二，发挥统一战线在生态文明建设中的重要作用。统一战线历来是我们党的重要法宝，在中国革命、建设、改革的各个历史时期发挥了重要作用。巩固广泛的统一战线既是我们党进行革命和建设的基本经验，也是新时期生态文

明建设的客观要求。在新世纪新阶段，要全面推进中国特色社会主义事业，实现中华民族的崛起，我们还面临着许多的困难和问题：城乡、区域、经济社会发展的不平衡，环境污染的不断加剧，贫富差距的日益扩大等问题普遍存在。这些问题的解决，仅靠党员干部是远远不够的，必须不断加强统一战线工作，巩固并发展最广泛的爱国统一战线，调动社会各方面的积极性和创造性，凝聚全体中华儿女的智慧和力量，只有这样，中国特色社会主义事业才能立于不败之地，生态文明建设才有实现的可能。

（2）党的领导是生态文明建设的根本保证

办好中国的事情，关键在党。中国共产党的性质决定了党的宗旨是全心全意为人民服务。党既代表工人阶级的利益，同时也代表全体中国人民和整个中华民族的利益。生态问题是涉及国计民生的重要问题，只有为人民服务，党才有存在和发展的意义。在当代中国，一切从人民的利益出发，立党为公、执政为民；情为民所系，权为民所用，利为民所谋，是党坚持根本宗旨的必然要求。在建设生态文明、克服生态危机、构建和谐社会的过程中，必须要坚持和改善党的领导。中国共产党是中国特色社会主义事业的领导核心，是领导生态文明建设的核心。在执政条件下，党对国家政治生活的领导主要是通过把党的意志上升为国家的意志来实现的。积极探索环境保护的新道路，就要学会从源头上控制，从国家战略的高度上为解决生态问题提供支持。为此，国家就要制定并实施一系列的战略，包括科技、人才等方面，也要加快转变经济发展模式，积极建设"两型社会"，走新型的工业化道路，既提高发展的质量，又降低对资源的消耗以及对环境的污染。这就需要国家在优化产业结构、优化国土空间结构和加快科技创新上下功夫。在优化产业结构方面，要着力发展生态农业，绿色产业和循环经济，调整能源结构，促进产业结构的升级。在优化国土空间结构方面，要恰当地处理经济与环境之间的关系，建立完善的开发评价体系和政策体系，进一步确认环境功能区划，提高环境保护的效率。在加快科学技术创新方面，要鼓励自主创新，加快工农业生产方面生态化技术的创新，全面提高经济发展与环境保护的科技含量。生态文明建设彰显了我们党为谁执政的价值取向，表征了怎样执政的科学向度，也蕴含了长期执政的坚实基础。

（二）改革社会主义具体制度是生态文明建设的体制保障

社会主义生态文明建设需要一系列完善的社会主义具体制度与之相适应，并作为其体制保障长期存在，离开这些具体制度，社会主义生态文明建设就会因为失去了保障而流于形式或者失去应有的效用。

1. 完善社会主义市场经济体制

目前，我国正处于由传统的计划经济向社会主义市场经济的过渡阶段。改革开放以来，虽然我国在经济社会发展方面取得了很大成就，但也出现了许多问题。在人与自然关系上，主要表现为对自然资源的掠夺及污染。为了克服经济发展带来的生态问题，我们必须不断完善社会主义的市场经济体制，充分发挥社会主义市场经济的特点和优势。

（1）处理好计划和市场的关系

生态文明建设不是一项孤立的政治或社会运动，它需要各方面的配合与协作。生态文明建设要求政府在制定和执行其他方面政策的时候，一定要将生态保护的要求融入其中，即政府必须坚持综合决策的基本原则。政府应该加快建立经济、社会、生态相互协调、共同发展的综合决策机制，在涉及生态保护的经济与社会发展的短期计划和长远规划中，增强在经济发展、资源利用与环境保护方面的决策能力和协调能力，体现生态文明建设的发展要求。一方面健全环境影响评价体系，另一方面推广可持续发展的指标体系，以建立覆盖全社会的资源循环利用机制。这样，在体制和机制的不断创新和发展中，从根本上解决危害人民身心健康和社会发展的环境问题。

（2）处理好效率与公平的关系

完善社会主义市场经济体制，克服片面追求经济增长的效率观。在由计划经济向社会主义市场经济的转型过程中，如何处理好公平与效率的关系问题成为影响经济社会的重大问题。因此，我们要真正贯彻和落实科学发展观，实现效率与公平的辩证统一。效率与公平不是相互排斥的，它们处于对立统一的状态之中。如何实现二者的辩证统一是我国当前和今后实现最大多数人根本利益的必然要求。在由计划经济向社会主义市场经济转型过程中，我们应该坚持贯彻和落实以人为本的科学发展观，从实际出发，辩证地处理好效率与公平的关系，促进经济社会的可持续性发展，从而实现最大多数人的根本利益。

（3）处理好先富与后富的关系

共同富裕是社会主义区别于以往社会、体现社会主义优越性和本质的东西。邓小平曾经把实现全国人民的共同富裕作为社会主义的目的来论述，指出公有制和按劳分配的主体地位决定了社会主义应当是共同富裕的社会，公有制和按劳分配是实现共同富裕的根本保证。完善社会主义市场经济体制，要处理好先富和后富的关系。

社会主义市场经济可以实施有效的宏观调控手段，特别是在资源能源的分配、污染治理的成本分配、国家发展计划等方面，这有助于消除两极分化，实现共同富裕。面对社会转型阶段的贫富分化现象，我们应该本着科学发展的基本要求，发挥社会主义制度的优越性，逐步加以解决。一方面，对先富起来的

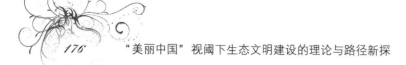

阶层实施保护并加以约束。对于通过诚实劳动和合法经营、通过采用先进技术、提高资源能源利用效率而致富的先富阶层，对于他们在生产力发展和经济社会进步中的贡献加以鼓励和肯定。同时，要通过相应的法律法规确保这些人的合法利益不受侵害，使他们在经济社会发展中继续发挥作用。而对于那些通过攫取自然资源、污染环境、转移企业生产成本的不正当致富者，必须施以道义上的谴责，并进行必要的法律制裁，把他们给国家的整体利益和长远发展造成的负面作用和消极影响降到最低，这些现象是当今经济社会发展中众多问题的根源所在。这一部分人虽然"富裕"了，但他们并未真正创造财富，只不过是对社会财富进行了不正当的转移或破坏。在进行必要的道德评判与社会主义市场经济体制不断完善的条件下，扶正祛邪，使社会有机体健康发展。另一方面，对于仍然处于贫困的阶层要实施必要的帮扶，并鼓励其自力更生。共同富裕是社会主义必须坚持的基本原则，邓小平指出，贫穷不是社会主义，两极分化也不是社会主义。解决贫困、实现共同富裕是当前和今后的战略任务，也是社会主义的本质表现和价值取向，不能简单地用经济成本与收益的高低来衡量，而应该尽力帮助贫困阶层，改变那些造成贫困的客观因素，给他们创造一个自我发展的好环境。当然，内因在事物的发展中起着关键作用，要鼓励贫困阶层自力更生、艰苦奋斗，充分发挥主观能动性，借助于外部的帮助尽快地发展自身，实现富裕，从而在全社会形成强大的凝聚力，促进经济社会的健康长久发展，把我国建设成为富强、民主、文明、和谐的现代化国家。

2. 健全领导体制和工作机制是迫切需要

围绕生态环境保护和生态文明建设这一重大课题，建立健全中国特色的领导体制和工作机制，是中国特色社会主义生态文明建设道路的重要特征，也是中国特色社会主义事业总体布局中最具有鲜明特色的内容。

（1）领导高度重视是关键

领导重视是做好各项工作的一个重要前提。加强生态文明建设，探索中国特色社会主义生态文明建设道路，同样迫切需要领导的重视，迫切需要把领导的重视从口头和文件层面转化为政策和实际行动，激发各级政府的工作活力。改革开放以来，党和国家领导人高度重视我国的生态环境保护。邓小平在1983年1月12日谈到农业问题时指出："提高农作物单产，发展多种经营，改革耕作栽培方法，解决农村能源，保护生态环境等等，都要靠科学。"① 同一年，万里在第二次全国环境保护会议上指出："环境保护是我们国家的一项

基本国策，是一件关系到子孙后代的大事。"① 1996 年，江泽民同志在第四次全国环境保护会议上指出：经济发展，必须与人口、资源、环境统筹考虑，不仅要安排好当前的发展，还要为子孙后代着想，为未来的发展创造更好的条件，决不能走浪费资源和先污染后治理的路子，更不能吃祖宗饭、断子孙路。2012 年，胡锦涛同志在党的十八大报告中指出："我们一定要更加自觉地珍爱自然，更加积极地保护生态，努力走向社会主义生态文明新时代。"习近平同志在党的十八届一中全会上的讲话中指出："我们要继续推进生态文明建设，坚持节约资源和保护环境的基本国策，把生态文明建设放到现代化建设全局的突出地位，把生态文明理念深刻融入经济建设、政治建设、文化建设、社会建设各方面和全过程，从根本上扭转生态环境恶化趋势，确保中华民族永续发展，为全球生态安全作出我们应有的贡献。"这些重要论述，准确把握了生态文明建设与可持续发展的关系，深刻揭示了建设生态文明的内涵和本质，是指导我国生态文明建设的重要思想原则。

（2）形成政府主导的基本工作格局

在历届中央领导的重视下，经过多年的探索，在环境保护和生态文明建设实践中，我们初步形成了政府主导、企业主体、多方参与、全民行动的基本工作格局。政府应该科学引导我国的产业转型升级和改造，应该大力支持企业和社会的环境保护工作，在市场经济运行中应该充分发挥监督作用。具体来讲，政府主导就是指各级党委和政府对本地区生态文明建设负总责。此外，各有关部门要按照职责分工，密切协调配合，形成生态文明建设的强大合力。企业既是经济生产的主体，也是环境保护的主体，应该在重视生产的同时，重视环境污染的防治工作。应该坚持在发展中保护、在保护中发展的基本要求。发展是解决我国所有问题的关键，保护则是实现可持续发展的关键，两者同等重要、不可偏废，要走出一条经济发展与生态保护"双赢"的道路。应该坚持节约优先、保护优先、自然恢复为主的基本方针。应该坚持绿色发展、循环发展、低碳发展的基本路径。

生态环境保护是一项系统工程，需要政府、企业、社会、个人等多方参与，共同努力，形成强大的工作合力。应该坚持尊重自然、顺应自然、保护自然的基本理念。环境污染与环境保护，与每个人都息息相关，应该采取多种有效措施，开展全民行动，形成良好的社会风尚。

做好生态环境保护工作，应该坚持把重点突破和整体推进作为工作方式，既立足当前，着力解决对经济社会可持续发展制约性强、群众反映强烈的突出

---

① 万里文选 [C]．北京：人民出版社，1995，第 315 页．

问题，打好生态文明建设攻坚战；又着眼长远，加强顶层设计与鼓励基层探索相结合，持之以恒全面推进生态文明建设。

（3）广泛开展国际合作

生态环境问题，既是一个国家内部的问题，也是一个与其他国家密切相关的问题。所以，应该统筹国内国际两个大局，以全球视野加快推进生态文明建设，树立负责任大国形象，把绿色发展转化为新的综合国力、综合影响力和国际竞争新优势；发扬包容互鉴、合作共赢的精神，加强与世界其他各国在生态文明领域的对话交流和务实合作，引进先进技术装备和管理经验，促进全球生态安全；加强南南合作，开展绿色援助，对其他发展中国家提供支持和帮助。

3. 完善生态环境公众参与制度

环境保护涉及每个人的利益，具有公共事务的基本特点。公众是环境保护的最大受益人，拥有保护环境的最大动机。作为人类历史发展的主体，公众应该在保护环境方面发挥其积极作用。环境保护的参与主体，不能只局限于国家和政府机关，还应包括社区、企业、民间团体等。环境保护的参与方式，不能只局限于传统的立法、监督，还应包括听证会制度、公益诉讼制度、志愿者服务等。保护环境是基本国策，而公众参与则是保护环境的重要手段。

（1）公民的环境参与权要通过宪法和法律来实现

宪法应该充分保证公众的环境参与权。作为公民基本权利的环境权如果写入宪法，对于人民群众环保意识的提高将会大有裨益，可以使环境保护能够直接从宪法中获得收益，环境权得到充分行使。同时，也要在部门法中对群众的环境参与权做出明确的规定，这是公众参与环保的实体性依据。我国应该把环境权纳入公民的基本权利之中，并通过相应的法律加以确认和体现。有学者这样概括公民的环境权：中华人民共和国的公民有权享有健康舒适的环境，有权合理利用自然资源，有权参与国家环境管理和决策。

（2）公开环境方面的信息，保障公民的知情权

政府机关应该利用多种方式或手段，向公众公布环境信息。公众只有获得了环境方面的信息，满足了其知情权，才能够采取切实有效的措施，保护自身环境利益的实现。也就是说，能否获得环境保护方面的信息是公民能否正确地参与到环境保护运动中来的前提，即环境信息的获得是公众参与环境保护和管理的基础和先决性条件。国家应该不断地完善环保方面的法律法规，使人民群众熟知其内涵，引导群众积极参与到环境保护的实践中去，才能够在相互对照中进行判断，揭露不利于生态环境的不法行为，维护社会、经济、生态的正常发展。政府应该创造更好的条件以方便群众的参与，激发群众参与环境保护的积极性，更好地为社会主义现代化建设和小康社会的实现服务。

（3）实施环境诉讼权，完善公益诉讼制度

权利的顺利实施离不开社会保障体系，只有不断地完善社会保障体系，才能够保障公众参与权的有效行使。建立公益诉讼制度是世界各国普遍采用的、用来保障公众环境权的基本方法。我国法院应积极处理涉及环保的相关案件，不断完善环境方面的法律法规，引导公众积极地参与环境管理，建设社会主义生态文明。

二、生态文明法治建设是生态文明建设的法律保障

法治是治国理政的基本方式，环境资源法治建设既是生态文明建设的一个重要方面，又是实现生态文明的基本条件和法律保障。通过制定和实施环境资源法律以保障和促进生态文明建设，这是时代赋予环境资源法律的一项历史任务。《中共中央关于全面推进依法治国若干重大问题的决定》（2014 年 10 月 23 日中国共产党第十八届中央委员会第四次全体会议通过）要求，"用严格的法律制度保护生态环境，加快建立有效约束开发行为和促进绿色发展、循环发展、低碳发展的生态文明法律制度，强化生产者环境保护的法律责任，大幅度提高违法成本。建立健全自然资源产权法律制度，完善国土空间开发保护方面的法律制度，制定完善生态补偿和土壤、水、大气污染防治及海洋生态环境保护等法律法规，促进生态文明建设。"

法律是治国之重器，生态良法是生态善治的基础，"有法可依"是有效进行生态文明建设的前提，生态文明立法主要解决生态文明建设"有法可依"的问题。在生态文明法治建设的各个方面对生态文明建设的影响中，立法对生态文明建设的影响具有首要的、决定性的作用。作为生态文明法治的首要环节和前提的立法，不仅为生态文明建设提供法律依据，而且决定并影响生态文明建设的法律地位。通过生态文明建设立法，可以确定生态文明建设的基本政策、原则、措施和制度，可以就环境保护、污染防治、资源合理开发利用、节约资源能源、清洁生产、绿色经济等活动，制定具体的法律、法规、行政规章和标准，从而影响生态文明建设的全部领域和整个过程。

反映生态文明的"五型社会"只能是实行生态文明法治的社会。所谓生态文明法治或环境资源法治就是将生态文明或"五型社会"的建设纳入制度化、法治化的轨道，依照生态文明法或环境资源法的规定建设生态文明和"五型社会"。法律不是万能的，但与个人意志相比，却是至上的，因为法律体现人民意志、国家意志、具有国家强制力。由于法律具有统一性、稳定性、程序性、约束性、强制力等特点，由于法律制度是根本的、法律具有至上权威，通过生态文明或环境资源立法，可以确定国家建设生态文明和"五型社

会"的基本政策、原则、措施和制度，可以就维护生态平衡和生态安全、防治环境污染和生态破坏，以及生态建设、清洁生产、环境贸易、资源开发、区域综合开发整治等活动，制定具体的行为规范，从而有效保障和促进生态文明建设的有效进行。

（一）我国生态文明法治建设的成就与不足

1. 我国生态文明法治建设取得的成就

我国历史上第一部有关环境保护的法律是秦朝制订的《田律》。这一法律文本对农田水利建设以及山林保护等问题都有所涉及，是我国历史上第一部涉及环境保护的成文法典。中华民国时期曾颁布过《渔业法》（1929 年）、《森林法》（1932 年）、《狩猎法》（1932 年）等法规。但在很长时间里，环境保护并未纳入法治轨道。在新中国成立后的若干时间内环境问题仍未引起重视，乱砍滥伐现象十分严重，在 "大跃进" 期间生态环境曾遭受严重破坏。1973 年，在周恩来的领导下，召开了第一次全国环境保护会议。从那之后，环境问题才开始受到重视。中国的生态法治进程是从环境法的立法工作起步的。环境保护法是改善环境状况、防治环境污染等法律规范的总称，是环境保护的法律依据。我国的环境立法起步虽然比较晚，但发展却很快。我国环境立法是从防治工业三废污染开始的，注重的是对企业行为的管制。1979 年，国家颁布了《中华人民共和国环境保护法（试行）》，并在 1989 年 12 月正式实施。《中华人民共和国环境保护法》第一条规定，环境保护法的立法目的是，"保护和改善生活环境与生态环境，防治污染和其他公害，保障人体健康，促进社会主义现代化建设的发展。"

《环境保护法》是中国第一部环境法，也是我国环境保护方面的基本法，内容包括污染防治、自然环境与资源保护两个方面。环境法的保护对象包括大气、水、海洋、自然保护区和风景名胜区等，其保护范围的广泛性决定了环境执法部门的多样性。《环境保护法》依据宪法有关环境保护的规定，并借鉴了国外环境立法经验，规定了环境保护的原则、基本制度和管理措施，还把环境影响评价、污染者的责任、征收排污费、对基本建设项目 "三同时" 等，作为强制性的法律制度确定了下来。该法的颁布对我国环境保护事业的发展具有非常重要的意义，它为我国环境保护事业进入法治轨道奠定了基础，为实现环境和经济的协调发展提供了有力的法律保障。

在《环境保护法》的基础上，我国陆续制定和颁布了百余部有关环境保护的法律法规，包括环境保护现行法、相关法以及行政法规、地方行政法规等。目前，我国已经基本形成了一个多层次的、涵盖广泛的行政、法律体系。

这个体系既包括像《水土保持法》《环境噪声污染防治法》《环境影响评价法》等专门性法律，也包括行政法规层次的《自然保护区条例》，还包括《中国生物多样性行动计划》《渤海碧海行动计划》《中国环境保护21世纪议程》和《中国应对气候变化国家方案》等政府规划和行动计划。再比如说，2006年国家环境保护总局（现为环境保护部）和监察部出台了《环境保护违法违纪行为处分暂行规定》等。

随着公众环境意识和维权意识的提高，环境诉讼开始成为解决环境纠纷的重要途径之一，公众对环境法方面的需求也越来越多，这也促进了我国环境立法工作的发展。比如说，为了推进和规范环境保护行政主管部门以及企业公开环境信息，维护公民、法人和其他组织获取信息的权益，推动公正参与环境保护，2008年《环境信息公开办法（试行）》正式施行。2009年，全国人大制定了海岛保护法，确立了科学规划、保护优先、合理开发、永续利用的海岛保护原则。2009年10月1日正式施行《规划环境影响评价条例》。该《条例》规定，国务院有关部门、设区的市级以上地方人民政府及其有关部门，对其组织编制的土地利用的有关规划和区域、流域、海域的建设、开发利用规划，以及工业、农业、畜牧业、林业、能源、水利、交通、城市建设、旅游、自然资源开发的有关专项规划，应当进行环境影响评价。2009年，第十一届全国人大常委会表决通过了《中华人民共和国侵权责任法》。这部法律规定，因污染环境造成损害的，污染者应当承担侵权责任。该法律还规定，因污染环境发生纠纷，污染者应当就法律规定的不承担责任或者减轻责任的情形及其行为与损害之间不存在因果关系承担举证责任。

党的十八大以来，我国环境立法工作取得明显进展，《环境保护法》《大气污染防治法》《环境影响评价法》《环境保护税法》等新修（制）订的法律陆续出台，《土壤污染防治法》《核安全法》等法律草案已提请全国人大常委会审议，水污染防治法将于2018年1月1日起施行，《建设项目环境保护管理条例》于2017年10月1日起施行。

总之，在多年的环境法治建设过程中，我国已初步形成了较为系统和全面的环境法律体系。对此，新任环保部部长李干杰近日在谈到环境立法工作时提出，要运用新的法律武器，一方面加大对违法企事业单位的打击力度，另一方面还要加强对地方党委政府等的检查督促，让环保执法"硬"起来。这些环境法律法规体系体现了我们对于环境问题认识的逐步提高，对于在经济建设过程中出现的环境污染和生态破坏的治理和预防工作起到了积极的作用。随着我国政府对环境问题的日益重视以及公众环境意识的提高，良好的生态法治运行机制正在逐步形成。这是这些年来我国生态法治建设取得的成就。

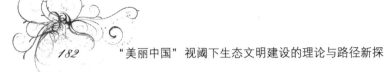

2. 我国生态文明法治建设中存在的问题

经过近40年的发展，我国的环境法治框架已初步形成，在环境法治建设方面已取得了一定的进展。但生态法治建设并不完善，还存在很多深层次的问题，致使环境法在环境保护方面并未充分发挥其应有的作用。

第一，生态法治理念尚没有受到应有的高度重视，也没有被普遍接受。部分地区的政府、企业以及个人在行动上仍坚持经济利益至上原则。地方领导干部的政绩考核指标体系没有与生态考核挂钩，致使目前很多地区仍在走"先污染，后治理"的老路，导致一些地区环境与发展的失衡，影响着环境治理工作的顺利进行。另外，目前仍然存在着地方保护主义，这表现在很多方面：某些地方的政府为追求经济发展，放松了对部分企业的监督和管理，导致其降低了治理标准，使地方环境不断恶化；在进行重大经济发展规划和生产力布局时没有进行环境影响评价；个别地方政府和部门甚至知法犯法，做出明显违反环境法律规范的经济发展决策。

第二，现行环境法律体系仍不完善。环境法是一个新兴领域，环境法发展的时间较短，还存在很多缺陷。到目前为止，我国已制定了众多的生态环境保护方面的法律、法规，但在环境立法方面，我国环境保护的法律法规仍不适应经济与社会发展的现状，有些领域还存在着无法可依的法律空白情况，而有的领域则存在着立法相对滞后或者立法标准超前的现象。环境法的缺陷主要表现在：法的体系不完善、法的制度不健全、法的可操作性差，不能完全适应可持续发展和依法治国的需要；多数环境资源法律条文的规定过于笼统，可操作性差。因此，现有的环境法律体系、法律规范和地方立法均有待进一步完善。

第三，环境执法不力。环境执法效率低、力度不强是严重影响我国生态法治建设的重要原因。环境执法是国家环境行政机关及其工作人员根据法律授权，依照法定程序，执行或适用环境法律法规，直接强制地影响行政相对人权利和义务的具体行政行为。目前，我国的环保部门是政府的行政执法机关。但是，环境执法机关在执法过程中遇到了很多问题和障碍。比如说，四川的沱江特大污染事故，不仅造成了数亿元的直接经济损失，而且据专家估计污染事故对当地的环境影响将持续四五年之久，但环境执法部门对污染单位的最高罚款额却不得超过100万元。环境行政处罚的力度明显不够，对企业显然没有多少威慑力。另外，从上杭紫金矿业的血铅超标事件可以看出，目前环保部门的执法力度很弱。环境行政处罚权容许的处罚裁量数额对某些污染企业简直微不足道，起不到迅速、有效地惩戒环境违法的作用，某些地区甚至出现了"违法成本低，守法成本高"现象。

现实状况表明，环境法的实施状况并不尽如人意，还存在着有法不依、执法不严、无视法令、违规建设等问题。生效的环境法律判决常常难以执行，"执行难"问题成为我国环境法治领域的一大痼疾。

第四，公民环境守法意识不强。首先表现为公众环境守法意识不强以及用环境法律来保护自己权利的意识不强，很多人并未将某些破坏生态环境的行为视为违法行为，部分公众仍为了获取自身利益而不惜牺牲生态利益。由于公众的环境法律意识仍比较淡薄，因此，依靠法律手段来解决环境纠纷的方式并未被广泛采纳，很多环境纠纷采用了行政手段的解决方式，进入司法环节的环境诉讼案件比例并不高。

另外，环境司法过程中存在的环境诉讼时间长、举证难、费用高、执行难等问题，导致许多生态环境问题和环境纠纷难以快速、有效地解决。由于公众环境法律意识薄弱，因而对自身合法环境权益仍然认识不足。环境守法工作也难以真正落实。

第五，环境法律监督机制不够完善。经过多年的发展，在环境法律监督方面，我国初步形成了包括立法监督、行政监督、司法监督、舆论监督、政党和社会团体监督、公众监督在内的较为完整的环境法律监督体系。但环境法律监督机制仍存在问题，其中最主要的问题是公众缺乏适当的机会、手段和途径参与环境立法、司法和执法监督，从而影响了公众参与制度的制定和实施。当然，我国环境法律监督机制不完善也与我国民主法治环境不健全有着密切相关。

第六，环境公益诉讼体制仍不健全。尽管 2005 年 12 月发布的《国务院关于落实科学发展观加强环境保护的决定》明确提出要研究建立环境民事和行政公诉制度，发挥社会组织的作用，鼓励检举和揭发各种环境违法行为，建立健全环境公益诉讼制度。但对于环境公益诉讼中的很多问题，比如说原告到底是应由检察机关、环境行政机关、环境公益组织还是由公民个人来担当等问题，理论界存在着很多争议。

（二）我国生态文明法治建设的实施路径

建设生态文明、加强生态文明法治建设是一项长期的战略任务，中国共产党组织和政府起着主导作用，领导是关键。任何组织或者个人都不得有超越宪法和法律的特权，绝不允许以言代法、以权压法、徇私枉法。党领导人民制定宪法和法律，党必须在宪法和法律范围内活动。各级党委、政府和人大应该重视、理解、加强、支持环境资源法律的实施，切实解决执法难的问题，以及有关执法机构编制、资金投入、执法能力建设（如执法队伍、执法设施、执法信息建设）等问题，全面贯彻实施有关生态文明的法律（主要是环境资源生态法律法规），逐步将以生态文明为旗帜的"五型社会"建设工作纳入法治化、规范化轨道。

1. 加强行政执法

各级政府应该在生态文明法治轨道上开展工作，创新执法体制，完善执法程序，推进综合执法，严格执法责任，建立权责统一、权威高效的依法行政体制，建设职能科学、权责法定、执法严明、公开公正、廉洁高效、守法诚信的法治政府。

（1）强化依法行政意识，转变行政执法观念。实践证明，违反法律的行为中不少是政府行为或经过政府许可的行为，要加强行政执法，必须首先提高各级政府领导的法律意识和法治观念，行政机关应该在法律范围内进行行政管理、依法办事，切实做到严格规范公正文明执法。行政机关要坚持法定职责必须为、法无授权不可为，勇于负责、敢于担当，坚决纠正不作为、乱作为，坚决克服懒政、怠政，坚决惩处失职、渎职。

（2）加大行政执法力度，强化执法强制力，提高行政执法的权威。要健全行政执法和刑事司法衔接机制，完善案件移送标准和程序，建立行政执法机关、公安机关、检察机关、审判机关信息共享、案情通报、案件移送制度，坚决克服有案不移、有案难移、以罚代刑现象，实现行政处罚和刑事处罚无缝对接。要促使改进环境执法设施，实现执法手段现代化。

（3）规范环境执法行为，实行执法责任追究制，加强对环境资源执法活动的行政监察。在生态文明建设领域实行法治，是指人民依法管理生态文明建设事务，首先是依法治官，而不是单纯治民。生态文明建设方面的行政权是人民通过自己的立法机关制定法律所赋予的，行政机关应该在法律范围内进行行政管理、依法行政、依法办事。要把公众参与、专家论证、风险评估、合法性审查、集体讨论决定确定为重大行政决策法定程序，确保决策制度科学、程序正当、过程公开、责任明确。

2. 加强生态文明建设的法律监督

法律监督是生态文明法治建设的重要一环。如果没有切实有效的法律监督，就没有切实有效的生态文明建设。结合我国的国情，加强生态文明建设的法律监督，应该从如下几个方面努力：①加强立法机关对生态文明建设法律实施的监督，形成人民代表大会及其常委会监督检查有关法律实施的机制和制度。只有在生态文明建设领域加强人大对"一府两院"的监督，加强宪法监督，加强对国家计划、规划和审计的监督，加强执法监督和公众监督，才能确保生态文明建设的可持续发展。②加强国家检察机关、行政监察机关对可持续发展法律实施的监督，形成国家检察机关、行政监察机关监督检查有关法律实施的机制和制度。③加强上级国家机关对下级国家机关实施可持续发展法律的监督，形成上级国家机关监督检查下级国家机关实施可持续发展法律的机制和制度。加强对政府内部权力的制约，是强化对行政权力制约的重点。④加强中国共产党纪委对可持续法律政策实施的监督，形成纪委监督检查有关法律政策实施的机制和制度。⑤加强政协和各民主党派对可持续发展法律实施的监督，形成政协和民主党派监督检查有关法律实施的机制和制度。⑥加强社会团体和公众对可持续发展法律实施的监督，形成社会团体和公众监督检查有关法律实施的机制和制度。⑦坚持用制度管权管事管人，保障人民知情权、参与权、表达权、监督权，是权力正确运行的重要保证。要确保决策权、执行权、监督权既相互制约又相互协调，确保国家机关按照法定权限和程序行使权力。要建立健全决策问责和纠错制度，凡是涉及群众切身利益的决策都要充分听取群众意见，凡是损害群众利益的做法都要坚决防止和纠正。要推进权力运行公开化、规范化，完善党务公开、政务公开、司法公开和各领域办事公开制度，健全质询、问责、经济责任审计、引咎辞职、罢免等制度。

3. 加强生态文明建设的法律服务

法律服务是促进法律实施的一个重要方面。发展生态文明建设的法律服务工作，应该从如下几个方面努力：促进建立健全有关生态文明建设的法律咨询机构，建设一支服务于生态文明建设（特别是环境保护）的律师队伍，发展生态文明建设领域的法律咨询服务业；促进生态文明建设领域的信息资源建设，形成生态文明建设法律的信息网络；加快建立健全生态文明建设的法律服务制度，提高法律服务的效益和水平；促进生态文明建设领域的法律服务和律师的国际交流与合作，拓宽生态文明建设法律服务的领域和渠道。

4. 加强环境资源法的研究、宣传和教育

环境生态文化是以协调人与自然关系为核心而形成的各种思想、意识、观念及其成果的总和。环境生态意识是指人们对环境和自然资源的思想认识和观念，包括人与自然和谐共处的思想、环境保护觉悟、环境道德风气、环境法治观念等。环境生态教育是传播环境科学知识和技术，提高人的环境生态文化和环境生态意识，培养生态伦理和环境道德的社会活动和手段。全面有效地实施生态文明建设法律，必须从思想观念、意识形态、信仰和道德上牢固树立"热爱自然、尊重生命、保护环境、珍惜资源、人与自然和谐"的观念；必须弘扬生态文明法治精神，建设生态文明法治文化，增强全社会厉行生态文明法治的积极性和主动性，形成守法光荣、违法可耻的社会氛围，使全体人民都成为生态文明法治的忠实崇尚者、自觉遵守者、坚定捍卫者。为此，应该加强生态文明和环境保护的宣传教育，特别是加强对建设资源节约型社会、环境友好型社会和生态文明社会的法律的宣传教育，倡导环境文化和生态文化，培育环境意识和生态意识，弘扬"人与自然和谐"的中华传统美德，形成环境友好、生态文明的文化氛围。

三、生态政治化是生态文明建设的有效途径

所谓生态政治化，就是把生态问题上升到政治问题的高度，使政治与生态相互融合，共同发展，并把促进人类社会的可持续发展作为它的最终目标。政府的决策行为在解决生态危机方面起着至关重要的作用。政治的生态化过程，同时也是政治文明的发展过程。政府的政策、法令、规章、发展模式等对生态环境保护产生直接的影响。为了保持自然的健康持续发展，政府应该充分发挥其主导性作用，一方面要利用各种手段，提高公众的生态素质；另一方面要通过对生态化思想的教育或灌输，改变人们对物质享受的无节制追求，养成国民新的生态政治观。

(一) 国家对生态文明建设的关注

习近平总书记在《在十八届中央政治局第六次集体学习时的讲话》中强调：推进生态文明建设，必须全面贯彻落实党的十八大精神，以邓小平理论、"三个代表"重要思想、科学发展观为指导，树立尊重自然、顺应自然、保护自然的生态文明理念，坚持节约资源和保护环境的基本国策，坚持节约优先、保护优先、自然恢复为主的方针，把生态文明建设融入经济建设、政治建设、文化建设、社会建设各方面和全过程，着力树立生态观念、完善生态制度、维护生态安全、优化生态环境，形成节约资源和保护环境的空间格局、产业结构、生产方式、生活方式。

生态文明建设需要国家、集体和个人多方面的不懈努力，其中在国家层面施加的是一种整体性影响，它起到一种导向作用，对一个国家或地区的生态环境质量的走向有着决定性影响，特别是在相关路线方针政策的制定、执政党执政理念的改变上。

1. 制定科学的生态文明发展规划

制度设计在生态文明建设中具有举足轻重的地位，它是一个系统性工程；在这个系统性工程中，对政府的制度设计是最根本的。政府应该从市场经济原则和可持续发展要求出发，为人民创设良好的生态环境，尽可能培育由多元化主体参与生态环境建设的市民社会。在生态环境治理中政府责无旁贷，但是，其对资源环境的控制能力却是有限的，而不是无限的或垄断的；在生态环境治理和建设上，政府应该遵循民主化和科学化的原则，把对环境的治理和建设纳

入法治化轨道；并合理地调节投入和产出比例，尽可能地以最小的支出获得最大的收益；在政策体系和法律体系建设上，政府应该建立生态文明建设的综合决策机制，用政府的权威尽量减少生态环境的破坏。政府在制定经济社会的发展规划和做出重大经济行为时，要充分发挥综合决策的作用，把生态环境目标和经济发展目标结合起来，从源头上解决危害生态环境的各种破坏问题。政府应该利用宏观调控手段引导生态建设，包括：扶持性政策，如对生态型项目开发的引导；刚性约束政策，如对破坏性经营的遏制；资源补偿性政策，如对生态植被的恢复；科技投入政策，如对生态文明建设的智力支持。政府一方面要把生态文明的内在要求具体化、法制化，使自然资源的利用得到法律保障，避免"公有地悲剧"的发生，以确保生态文明的健康发展；另一方面，政府应该强化环境法律的实施，在对环境的破坏上做到执法必严，违法必究，以保护人民群众的环境权益不被侵犯。

2. 创新执政理念，建设生态型政府

一个政府能否向着生态化的方向转变，关键要看其执政理念创新与否。在执政理念上，生态型政府应该实现从以民为本的公民导向到和谐共生、生态优先的转变上。以人为本体现着政府管理的基本价值诉求，在政府治理的过程中，能否关注民生成为判断一个政府是不是服务型政府的基本价值理念。生态型政府体现着政府更高水平的创新，以及面对生态危机时的理性选择，所以从价值选择上看，它是更高水平人文关怀的体现。人与自然之间和合共生的实现，离不开生态优先的执政理念的支持，这既是和谐社会建设的内容，也是实现生态文明建设的重点。

我们需要从提高党的执政能力和应对风险能力，创新环境管理和监督体制，强化环保工作，实现在立法、规划和监管的统一上入手，促进生态文明建设的顺利发展，特别要增强基层政府的环境管理和调控能力，建立健全对危害人们身心健康、危及经济社会发展与环境安全的各种有效监控体系，以确保人们的身心健康与环境安全。同时，各级政府要加强对市场的引导，逐步建立涉及自然资源环境的有偿使用机制、损害赔偿制度和价格形成机制，规范环境保护基础设施建设，培育市场的运营和管理机制，研究探索由资源税费、环境税费构成的"绿色税收"体系和资源、环境使用权的交易制度，逐步形成有利于资源节约和环境保护的市场运行机制。政府要健全科学合理的评价指标体系和部门协调机制，特别是对一些有重大影响的开发和建设项目如 PX 项目、钼铜项目、聚乙烯项目等，要进行充分的论证和环境影响评价；要大力发展循环经济，完善各种资源的循环利用。各级政府要建立健全环境保护机构，加快研究环境保护机构发挥作用的机制和方法，提升环境保护队伍的执法水平，使我

国的环境管理走向科学化、规范化、现代化，确保环境保护工作的有序进行。

（二）发挥各级地方政府生态环境管理职能

地方政府作为各级基层管理单位和权力机关，在生态文明建设的操作层面上具有更强的现实性。

1. 加强政府的生态管理职能

加强政府的生态管理职能，就是要求实现各级政府行为的生态化。2017年2月7日，中办国办印发了《关于划定并严守生态保护红线的若干意见》，明确提出2020年年底前，我国要全面完成生态保护红线划定，勘界定标，基本建立生态保护红线制度。生态文明建设是当前全面深化改革的重要内容。加强生态 文明建设，完善生态文明制度体系，必须划定生态保护红线，建立责任追究制度。政府既具有管理社会、为社会提供公共服务的职能，也有为国家经济的发展，对社会经济生活实施管理的职能。所以，政府的行为对于国家的政治民主、经济发展、社会稳定、生态保护等方面都具有重要意义。生态文明是全人类的文明，超越国家或阶级的界限，不是哪一个阶级或国家独有的文明，它具有明显的公共性。政府具有履行生态文明建设的重大责任，否则，政府行为的公共性特征就会流于形式。实际上，政府行为的生态化就是要求政府把生态保护的内容和要求融入政府的决策、管理和考核等环节中，在政府行为中实施生态文明建设。政府的决策要生态化，因为政府的决策是事关政府工作及其成效的关键。政府的生态决策可以直接影响环境保护，也可以通过经济的发展和公众的行为间接地影响环境保护。政府的执行要生态化，因为国家生态政策的执行不可避免地会遇到障碍，这就要求国家机关的工作人员要提高对生态问题的认识水平和能力，并坚决贯彻国家的生态保护政策，做到立党为公、执政为民，不断提高政府服务社会的水平、应对变化的能力，开创生态文明建设的新局面。政府的施政考核要生态化，这就要求考核干部时，要把施政行为所引起的生态效应算入其中，既不忽略经济的发展，也不轻视政治、文化、社会、生态等的全方位发展。

2. 协调地区之间的经济发展和环境管理

随着我国社会主义市场经济的逐步发展，以及科学发展观的深入贯彻，政府应该制定宏观的可持续发展战略，通过完善相应的运行机制，营造公正平等的发展环境，缩小地区之间的差距。在我国，区域发展的不平衡是摆在我们面前的基本国情，由于中部、东部、西部地区的地理条件差距大，自然禀赋不同，各地经济、文化的发展极不平衡。自然界生态系统具有整体性和相互联系性，生态问题也往往是跨越行政区划的。一般来说，西部地区是我国大江大河的发源地，上游地区的生态环境如何，在很大程度上影响着中下游地区的生态环境和经济发展状况，一个好的环境可以为经济的发展提供良好的资源保障。"南水北调""西气东输""西电东送"等工程都是涉及国计民生的重要规划，处理不好，容易引发一系列的社会问题。按照邓小平"两个大局"思想的部署，东部地区率先发展，东部地区在发展的过程中得到了西部地区自然资源、人力物力等各方面的支持。根据受益者付费的基本原则来说，中央政府有必要，也应当从宏观上进行调控，通过财政支持、政策倾斜等为西部地区的发展营造公平的社会环境。在生态环境领域，政府应该尽快完善生态补偿机制，由受益地区出资，补偿西部欠发达地区，来促进西部地区的经济社会发展，也修复或保护西部地区的生态环境。

3. 生态管理中各种手段的综合运用

生态文明建设是一个涉及经济、政治、社会、文化等诸多方面的总体性建设，生态管理是生态文明建设中的重要内容，它存在于社会生活的诸多领域，生态管理手段也多种多样，不一而足。一般来说，生态管理手段包括法律手段、经济手段、行政手段、科技手段、教育手段等。

第一，法律手段。这里的法律手段是指政府管理者依据相关的涉及生态环境的法律法规，约束人们的经济和社会行为，保护自然资源环境，促进生态文明建设的手段。生态文明建设离不开法律法规的规范和约束作用的发挥。政府应该加强生态管理，控制污染的上升、确保自然资源利用的合理性和合法性，维护生态平衡。法律手段是经济手段和行政手段得以贯彻执行的制度保障。习近平在《在十八届中央政治局第六次集体学习时的讲话》中强调："保护生态环境必须依靠制度、依靠法治。只有实行最严格的制度、最严密的法治，才能为生态文明建设提供可靠保障。"

第二，经济手段。习近平在《在中央经济工作会议上的讲话》中强调："生态环境问题归根到底是经济发展方式问题，要坚持源头严防、过程严管、后果严惩，治标治本多管齐下，朝着蓝天净水的目标不断前进。这是利国利民利子孙后代的一项重要工作，决不能说起来重要、喊起来响亮、做起来挂空挡。"这里的经济手段是指政府管理者利用经济杠杆来进行生态管理的手段，如财政、税收、信贷等。就财政政策而言，政府应当在涉及生态环境方面的财政政策上加大扶持力度，通过相应的财政支出来鼓励生态文明建设，如在森林、土壤、水源等的开发利用上进行财政倾斜，鼓励生态技术与生态产业的发展，维护生态环境。同时，政府要增加绿色基金，用于帮助企业维护生态环境和减少企业的损失。并在实施中贯彻执行"污染者付费"和"不污染补偿"原则，激励企业朝着绿色生态方向发展，所以，政府应运用财政政策加强生态

管理。

第三，行政手段。这里的行政手段是指各级行政机关运用其行政权限，依法建设生态文明的手段，如命令、指示和指令性计划等，是按行政系统、行政区划、行政层次来管理生态文明建设的一种方法。在生态文明建设中，各级行政机关应该对其所管辖的领域和部门进行监督和管理。之所以强调行政手段的运用，是因为它的强制性、影响力可以触及经济手段和法律手段所不能及的地方，所以，行政手段是建设生态文明不可或缺的手段。

第四，科技手段。这里的科技手段是指各级政府应该鼓励涉及生态环境的技术的发展，通过技术手段来解决经济社会发展中遇到的生态问题：①大力提倡科学技术的创新研究，开发更多的替代能源和生态产品，支持低碳环保和节能减排，提高资源利用效率；②利用先进的科学手段进行矿产资源的勘探与合理开发，加强各种资源的保护和循环使用；③用科学知识武装各级管理干部的头脑，树立生态文明的观念，全面建设资源节约型和环境友好型的小康社会。科学技术在推进社会不断前进的同时，也产生了许多不良的影响，比如过度开发造成的环境污染、生态破坏、能源危机以及核技术的滥用，都对我们共同居住的地球构成了毁灭性的威胁。因此，科学技术必须与生态文明有机地结合在一起，促使所有国家共同寻求科学的可持续发展，全球一体化的未来才是光明的。

第五，教育手段。这里的教育手段是指生态教育。人类良好的习惯很大程度上来自于所受的良好的教育，生态环境保护教育可以培养公民良好的环保意识和素养，对全民文明素养的提高具有重要意义。生态环境保护教育可以改变公民的思想观念并规范其环境行为。通过教育，可以使人民群众认识到生态环境的现状，增加生态危机意识，也通过教育使人们保护生态环境的行动变成一种自觉行动，物化在平常的工作学习生活中，这是生态环境教育的初衷。

参考文献

[1] 马克思恩格斯选集（第1-3卷）[C]. 北京：人民出版社，2012.

[2] 马克思恩格斯全集（第20卷）[C]. 北京：人民出版社，1971.

[3] 马克思恩格斯全集（第39卷）[C]. 北京：人民出版社，1974.

[4] 邓小平年谱（1975—1997）（上）[M]. 北京：中央文献出版社，2004.

[5] 中共中央文献研究室. 邓小平思想年谱：1979—1997 [M]. 北京：中央文献出版社，1998.

[6] 邓小平文选（第1-3卷）[M]. 北京：人民出版社，1993.

[7] 江泽民文选（第1卷）[M]. 北京：人民出版社，2006.

[8] 胡锦涛. 高举中国特色社会主义伟大旗帜 为夺取全面建设小康社会新胜利而奋斗——在中国共产党第十七次全国代表大会上的报告 [M]. 北京：人民出版社，2007.

[9] 十六大以来重要文献选编（中）[M]. 北京：中央文献出版社，2006.

[10] 十七大以来重要文献选编（上）[M]. 北京：中央文献出版社，2009.

[11] 中共中央宣传部. 习近平总书记系列重要讲话读本 [M]. 北京：人民出版社，2014.

[12] [美] M. 梅萨罗维克. 人类处在转折点 [M]. 北京：中国和平出版社，1987.

[13] 菲利普·史密斯著. 文化理论——导论 [M]. 张鲲译. 北京：商务印书馆，2008.

[14] 莱斯特·布朗著. 生态经济——有利于地球的经济构想 [M]. 林自新等译. 北京：东方出版社，2002.

[15] [美] 尤金哈格罗夫著. 环境伦理学基础 [M]. 杨通进译. 重庆：重庆出版社，2007.

[16]［英］布莱恩·巴克斯特著.生态主义导论［M］.曾建平译.重庆：重庆出版社，2007.

[17]唐代兴.生态理性哲学导论［M］.北京：北京大学出版社，2005.

[18]董险峰.持续生态与环境［M］.北京：中国环境科学出版社，2006.

[19]杜向民，樊小贤，曹爱琴.当代中国马克思主义生态观［M］.北京：中国社会科学出版社，2012.

[20]张慕萍.中国生态文明建设的理论与实践［M］.北京：清华大学出版社，2008.

[21]周鑫.西方生态现代化理论与当代中国生态文明建设［M］.北京：光明日报出版社，2012.

[22]姬振海.生态文明论［M］.北京：人民出版社，2007.

[23]李军.走向生态文明新时代的科学指南：学习习近平同志生态文明建设重要论述［M］.北京：中国人民大学出版社，2015.

[24]贾卫列，杨永岗，朱明双.生态文明建设概论［M］.北京：中央编译出版社，2013.

[25]陈丽鸿，孙大勇.中国生态文明教育理论与实践［M］.北京：中央编译出版社，2009.

[26]王春益.生态文明与美丽中国梦［M］.北京：社会科学文献出版社，2014.

[27]陶良虎，刘光远，肖卫康.美丽中国：生态文明建设的理论与实践［M］.北京：人民出版社，2014.

[28]黄娟.生态文明与中国特色社会主义现代化［M］.北京：中国地质大学出版社，2014.

[29]成亚文.真正的文明时代才刚刚起步——叶谦吉教授呼吁"开展生态文明建设"［N］.中国环境报，1987-06-23.

[30]刘海霞.不能将生态文明等同于后工业文明——兼与王孔雀教授商榷［J］.生态经济，2011（2）.

[31]夏从亚，原丽红.生态理性的发育与生态文明的实现［J］.自然辩证法研究，2014（1）.

[32]姜亦华.用生态理性匡正经济理性［J］.红旗文稿，2012（3）.

[33]［美］罗伯特·伯格曼著.信息与现实［J］.陈一壮译.山东科技大学学报，2006（3）.

[34]李振忠.生态文明勾画中华美丽的家园图景［N］.中国网，2007-

10-15.

　　［35］胡锦涛．在中央人口资源环境工作座谈会上的讲话［N］．中国环境报，2004-04-06.

　　［36］吴未，黄贤金，林炳耀．什么是循环经济［J］．生产力研究，2005（4）.

　　［37］王凤珍．有机马克思主义：问题、进路及意义［J］．哲学研究，2015（8）.

　　［38］孙秀艳，寇江泽．中央治理环境污染决心空前 代表委员期待政策措施落实［N］．人民日报，2015-03-09.

　　［39］创新驱动为贵州生态建设注入强大动力［N］．科技日报，2015-06-25.

　　［40］李兵．坚持生态优先 建设美丽乡村［J］．红旗文稿，2016（8）.

　　［41］杨国昕．生态文明应与物质、政治、精神文明并重［J］．中共福建省委党校学报，2003（9）.

　　［42］曾刚．基于生态文明的区域发展新模式与新路径［J］．云南师范大学学报（哲学社会科学版），2009（9）.

　　［43］陈剑锋．建设生态文明：社会经济可持续发展的新途径［J］．改革与发展，2008（8）.

　　［44］李赛男，辛倬语．清洁能源发展对内蒙古能源产业的影响及对策研究［J］．经济研究导刊，2015（16）.

　　［45］唐小芹．论习近平生态思想的时代意义［J］．中南林业科技大学学报，2015（6）.

　　［46］张高丽．大力推进生态文明 努力建设美丽中国［J］．求是，2013（23）.

　　［47］夏光．建立系统发展的生态文明制度体系——关于中国共产党十八届三中全会加强生态文明建设的思考［J］．环境与可持续发展，2014（2）.

　　［48］陈洪波，潘家华．我国生态文明建设理论与实践进展［J］．中国地质大学学报（社会科学版），2012（5）.